不找借口找方法

打造解决问题的一流员工

聂小丹 编著

Don't look for excuses to find method

哈尔滨出版社
HARBIN PUBLISHING HOUSE

图书在版编目（CIP）数据

不找借口找方法：打造解决问题的一流员工 / 聂小丹编著.—哈尔滨：哈尔滨出版社，2018.10

ISBN 978-7-5484-3751-2

Ⅰ.①不… Ⅱ.①聂… Ⅲ.①成功心理 - 通俗读物 Ⅳ.①B848.4-49

中国版本图书馆CIP数据核字（2017）第286434号

书　　名：不找借口找方法——打造解决问题的一流员工
BU ZHAO JIEKOU ZHAO FANGFA——DAZAO JIEJUE WENTI DE YILIU YUANGONG

作　　者：聂小丹　编著
责任编辑：赵　芳　滕　达
责任审校：李　战
封面设计：小萌虎文化设计部.李心怡

出版发行：哈尔滨出版社（Harbin Publishing House）
社　　址：哈尔滨市松北区世坤路738号9号楼　　邮编：150028
经　　销：全国新华书店
印　　刷：哈尔滨市石桥印务有限公司
网　　址：www.hrbcbs.com　　www.mifengniao.com
E-mail：hrbcbs@yeah.net
编辑版权热线：（0451）87900271　87900272
销售热线：（0451）87900202　87900203
邮购热线：4006900345　（0451）87900256

开　　本：889mm × 1194mm　1/32　印张：7.25　字数：150千字
版　　次：2018年10月第1版
印　　次：2018年10月第1次印刷
书　　号：ISBN 978-7-5484-3751-2
定　　价：25.00元

目录

Contents

第六章　突破与创新，带来好方法

第七章　解决问题，方法多多

第八章 问题也能变为机会，挫折也能促进成功

第一章

一流员工找方法，末流员工找借口

只为成功找方法，不为问题找借口

真正优秀的员工不“擅长”编借口，他们热爱动脑筋，遇事善找方法，也能承担起责任来。他们也许没有超凡的能力，但是有超凡的心态，他们能积极抓住机遇，创造机遇，而不是一遭遇困境就退避三舍，寻找借口。

在职场中，一个优秀的员工应该做到不找借口而找方法。这是一种负责的、敬业的工作精神，一种主动的、有活力的工作态度，一种积极的、全力以赴的执行力。这是无数商业精英奉行的理念，是众多领导欣赏的素质——只为成功找方法，不为失败找借口。

美国的西点军校，相信大家早有耳闻。西点军校一直被称为“美国陆军军官的摇篮”，其中有3700多人成为将军，还出了两位美国总统（格兰特和艾森豪威尔）。其实，西点学员并没有什么超人的能力或智慧，他们所拥有的是超人的心态。在西点军校的22条军规上，第二条就是“无任何借口”，而第一条是“无条件执行”。

西点学员奉行的是，在执行任务的过程中，遇到困难就解决，不惜一切代价，坚决完成任务！

不找任何借口，保证完成任务，全力以赴去执行！这应该成为每个公司、每个员工的必备职业精神。这样的员工是战无不胜的职场勇士，而这样的公司是高效的、不可战胜的。

日本松下集团的创始人松下幸之助从不找借口，他如此，要求员工也如此。“我不想要借口，给我方法。”这是松下幸之助最常说的话，他不允许下属为失误找借口，为完不成任务找理由，而是要求承担责任，发现问题，尽全力找到解决问题的方法。这使整个松下集团从上到下都形成了一种敬业负责的氛围。这样一个不找借口只找方法的企业成为日本最著名的精英企业，一点儿也不奇怪。

但是，无论在生活中还是在工作中，借口无处不在，我们从开始的内疚、畏惧慢慢到习惯，再到麻木。

有人说：“我年纪大了，折腾不起了。”那我告诉你，一个已经65岁的老头创办了一家餐厅，他就是哈兰·山德士，他的餐厅就是肯德基。而贝瑞特近60岁才当上英特尔公司的总裁，里根73岁还参加总统竞选。

也有人说：“我学历太低，一辈子只能混日子了。”

一个学生在大学里退学了，这个没毕业的大学生创立了微软帝国，他就是比尔·盖茨。一个穷孩子，从小没念过书，到了15岁才花了40美元在福尔索姆商业学院克利夫兰分校就读三个月，这是他一生中接受的唯一的一次正规的商业培训，他就是洛克菲勒。

还有人说：“我没成功是因为我出身不好，这年头，有个好爸爸比什么都重要。”

可是，你看看真正的成功者有多少是“富几代”？张朝阳、松下幸之助、李嘉诚……他们可都是在一穷二白的情况下白手起家的。

更有人在喋喋不休："我没完成这些工作是因为我太忙，我是人不是机器。""我没有去克服困难，因为我从来没有接受过这方面的培训。""如果其他人能更好地配合我的话，我想我会做得好些。"可是你有没有想过，如果事事顺利，一点矛盾没有，公司要你干吗？

无处不在的借口，成为某些人的氧气。借口是无底黑洞，它慢慢吞噬你积极的心态和行为。对于员工，借口会越来越好找，让你成为一根在公司混的老油条，借口会让你忘掉自己的责任，丢掉旺盛的上进心，怠慢对公司的忠诚。最后毫无斗志的你变成职场的胆小鬼，牢牢地被压在困难的五行山下。

不找借口，是敢于承担责任，是忠诚和服从，它强调的是员工应该竭尽全力去完成任务，而不是推脱。只有这样，你才能迎接新的挑战，而战胜这种挑战，你就能品味久违的成功。

但是，很多人已经习惯依赖借口，借口让他们浑浑噩噩，最终不可避免地走向被淘汰的命运。你可能只是个普通的员工，但只要用积极的态度对待每一件事，认真地找方法把每一件事情解决好，你会因为在困难面前永不退缩、努力寻找解决方法而脱颖而出。

美国NBA1994—1995年的最佳新秀贾森·基德，谈起自己成功的原因，他讲了这么一个故事："我小时候和父亲一起去打保龄球，因为我总是打不好，便找了一大堆借口解释为什么打不好。父亲对我说：'别找借口了，那不是理由，你保龄球打得不好是因为你不练习。'父亲说得很对，有了缺点就应该努力改正，而不是找借口搪塞。"达拉斯小牛队每次练完球，总是有个球员在球场内奔跑不辍一小时，一再练习投篮，那就是贾森·基德，因为他是一个能主动为自己寻找原因的人。

大多数人会拿借口当挡箭牌，上班迟到的原因是堵车，工作没了的原因是领导苛刻，客户不满意是因为客户太刁钻。可以这么说，借口就是一个掩饰自己弱点、推卸责任的“万能器”，有多少人把时间浪费在找个合适的、能“让人信服”的借口上，而忘了如何承担责任，忘了努力寻找方法。借口让人原谅自己，敷衍别人，扼杀创新精神和责任感，让人消极颓废。而且，找借口会上瘾，先让你尝到一点“甜头”，让你一而再、再而三地找借口，直到遇到困难就躲，最终丧失执行力。

真正优秀的员工不“擅长”编借口，他们热爱动脑筋，找方法，也能承担起责任来。他们也许没有超凡的能力，但是有超凡的心态，他们能积极抓住机遇，创造机遇，而不是一遭遇困境就退避三舍，寻找借口。

只为成功找方法，不为问题找借口，这是每个员工都应该具备的素质。

工作中，方法永远最重要

在任何机构里，擅长找办法的人总是能脱颖而出。一个能为公司解决问题，为公司创造效益的人，哪个领导不重视呢？

有这么一个故事：

在沙漠中有一个叫比赛尔的小村庄，它靠在一块1.5平方千米的绿洲旁，从这里走出沙漠只需要三天，但是却从来没有人走出去过。这引起了英国皇家学院院士肯·莱文的兴趣，他用手语向那里的人询问原因，结果每个人的回答都是一样：从这儿出发，无论向哪个方向走，最后都还是要转回到这个地方来。这位院士当然不相信。他调查后发现，沙漠浩瀚，方圆上千千米没有一个参照物，不能识别方向，村里的人事实上走的是弧线，不是直线，无论往哪个方向走，最后都会回到原地。

肯·莱文想到一个办法，那就是找北斗星，经过三天艰苦的跋涉，他终于来到了大漠的边缘。现在的比赛尔已是西撒哈拉沙漠中的一颗明珠，每年有数以万计的旅游者来到这儿，曾经陪同肯·莱文考察并成功独自一人走出沙漠的比赛尔人阿古特尔作为比赛尔的开拓者，他的铜像被竖在小村的中央。

在我们的生命旅途中，也有这样的沙漠，很多人走不出去，并不是因为沙漠太大，而是因为没有选定正确的方法。做事情之前，不想到正确的方法，行动就会偏离目标，很难达到预期效果。

做任何事情，都要做到，既要勤奋刻苦，也要开动脑筋。很多人习惯速战速决：他们不顾后果，行事鲁莽，没找到正确的方法就一个劲儿地冲上去，浪费时间和精力不说，效果也很糟糕。西班牙智慧大师巴尔塔沙·葛拉西安告诫我们：做任何事情都不要太过匆忙，忙乱中容易出差错。有时候尽管判断正确，却又因为疏忽或办事缺乏效率而出差错。这个度的把握十分重要，有句话说得好：忙里需偷闲，缓中需带急。方法运用之妙，存乎智者一心。

西方有句老话："Use your head!（用用你的脑袋！）"许多智者都遵循这句话，想人所不能想，为人所不能为，用脑袋做事。在现代社会，每个人都在想尽一切办法去解决生活中的一切问题，而且，最终的强者也将是办法最得当的那部分人。

我们再来看一个故事。1793年，土伦城法国军队发生叛乱，在英国军队的增援下，土伦城变得坚不可摧。土伦城四面环水，三面是深水区，英国军舰在水面上巡逻，来攻城的法军一冒头，就遭到猛烈的攻击。当时英军武器先进，装备齐全，军舰是世界一流，而法国军队的军舰非常弱。

法军指挥官急得焦头烂额，但依然束手无措。

就在这时，在平息叛乱的法国军队中，一个非常年轻的炮兵上尉进言指挥官："装上陆战用的火炮来代替舰炮，拦腰袭击英国军舰！"指挥官连连称赞，赶紧照办，用这种"新式武器"大破英军，叛军一看大势已去，也很快就缴械投降了。

经历这一事件后，这位年轻的上尉被提升为炮兵准将。他的成功，是因为在关键时刻找到了有效的解决问题的方法，这让他走上了一个新台阶，获得了一个有高度的新起点、一个新舞台。他有了这个新舞台，才有更多的发挥余地，吸引更多的人聚拢，建立更伟大的事业。他就是后来成为法国皇帝、威震世界的军事天才拿破仑。

在市场经济的新时代，做任何事都要有一个好的结果。不仅要做事，更要做成事；不仅要有苦劳，更要有功劳。因此，不妨问一问自己，是否解决了一个或几个棘手的问题，给别人留下了深刻的印象？是否做了几件业绩突出的事情，让领导和其他人十分欣赏？

在一项任务中，总是有关键点，有靶心，所以，针对问题想办法是重中之重。

下面是一个大型公司董事长的亲身经历。董事长姓何，七年前是个卖建材的小业务员，产品销路不错，但是产品卖出去后，钱却不能及时收回来，这对于公司的运营是十分不利的。这次又有个客户，买了公司十万块钱的产品，左拖右拖，就是找理由不付款，公司三拨讨账的都没能要到货款。当时，这位姓何的业务员刚上班不久，老板抱着试试他的心态派他去讨债。他软磨硬泡，想尽办法，客户终于同意还钱，给他开了张十万元的支票。

他高高兴兴地拿着支票去银行取钱，结果却被告知，账面上只有九万九千七百元。很明显，这个客户耍了个花招——这张支票一分钱都取不出来。第二天就要放春节假了，如果不及时拿到钱，不知又要拖延多久。

遇到这种情况，大多数人除了一筹莫展就是暴跳如雷，但是何姓业务员没有，他让妻子拿着300块钱存到客户的账户里，这样一来，账户里就有了十万元。他立即将支票兑了现。

当他带着这十万元回到公司时，董事长对他大加赞赏。之后，他在公司得到重用，不断发展，五年之后当上了公司的副总经理，后来又当上了总经理，再后来成了董事长。

这个故事说明了一个道理：在任何机构里，擅长找办法的人总是能脱颖而出。一个能为公司解决问题，为公司创造效益的人，哪个领导不重视呢？

因此说，在工作中，方法永远最重要。

找不到好方法，只能做末流员工

在日常工作中，我们总会遇到许多的问题和困难，我们先要勇于承担责任，用平静的心去分析问题到底出在哪里，用脑子做事，这样不仅能更好地解决问题，也能让同事、上司对你产生一种信任感。

日本松下公司的标语牌上有这么一段话："如果你有智慧，请你贡献智慧；没有智慧，请你贡献汗水；如果你两样都不能贡献，请你离开公司。"毫无疑问，第一等的员工是有智慧会动脑子想办法的员工，而不会找办法又不敬业的员工的结局是离开，所以，不会找办法的员工就是末流员工。

末流员工虽然能够奉献汗水，但是却不会想办法，公司需要他们，但他们却不会有太大的发展，只能蜗居在金字塔的最底层。

一个老总讲了这么一个故事，让大家对员工的素质问题进行了深刻的思考。

老总说，他曾经从几百人里挑选出来一个员工，那个员工不可谓不优秀——学历高，形象好，大家对她的印象都还不错。但她有一个致命的毛病——不爱解决问题，遇事总是强调理由。比如说，她总有一箩筐理由迟到，总有一大堆理由完不成任务。

一次，老总派她去拜访三个公司的人事部经理，结果，她见了一个就跑回来了。老总本来就感觉很不是滋味，她就在那里叽叽喳喳地解释开了："北京太大了，我费了很大劲，才问到一个地方。"

老总彻底火了："这三家公司都是大公司，你跑了一天，怎么会只找到一个？"

她辩解："我问了好多人，我真的去找了。后来天太晚了，我才回来的。不信你去查！"

老总心里更有气了："我去查什么？你自己没有找到公司，还叫老总去核实，这是什么话？"

其他员工也好心地帮她出主意，说她可以先在查询台查到那三家公司的电话，然后分别联系，问好具体怎么走再去……

谁知道她却大发脾气："我已经尽力了！"

老总虽然没有因此辞退她，但是她在以后的几年内都只是个小职员，一直到离开这家公司。虽然，我们感觉这个女孩的行为实在是太不靠谱了，就算立刻把她辞掉，她也不该有什么话说。但事实上，这种遇到问题只知道推卸责任的人并不在少数，他们的命运也显而易见——在单位、在社会都没市场。

一个培训师在一家高级总裁培训课程上做了个调查："什么样的员工是你最讨厌的员工？"结果显示，五类员工最让老板们讨厌。第一类，推卸责任，不想办法解决问题的员工；第二类，损公肥私的员工；第三类，过于斤斤计较的员工；第四类，华而不实的员工；第五类，受不得委屈的员工。

当问到什么样的员工是你最喜欢的员工的时候。大家的回答排名第一的是能主动找方法解决问题、提高业绩的员工。

这证实了我们的理论。毕竟，公司的发展不可能会是一帆风顺的，总会遇到这样或那样的困难。然而，遇到困难时总是找借口应付了事的员工，在企业里肯定最不受欢迎，最受欢迎的金牌员工都是“不擅长”推卸责任，而是擅长找办法的。

在我们的实际工作中，经常听到这样的抱怨：“我的办法想尽了，确实没有！”“真的是一点儿办法也没有！”设想一下，如果你的上级给你下达某个任务，或者你的同事、顾客向你提出某个要求时，你这样回答对方，他们会怎么想，怎么能不失望呢？一句“没办法”，说得简单，推卸了责任，减轻了负担，但也牺牲了很多创造的火花。是真的没办法，还是我们没动脑子好好想办法呢？只要你肯找，一定是“天无绝人之路”。不要迷信有什么成功秘诀和捷径，更没有什么神秘的力量，灵活处理随时出现的各种情况，这才是真正的成功秘诀。

在某知名管理公司里，所有经理人的桌子上都有一个“座右铭”，上面写着：“找方法！”这是公司的创始人定下来的，目的就是让全公司的高层都能明白，任何时候都要找方法，出了问题找方法，提高绩效找方法，从各个角度找方法。在解决问题的过程中，方法紧跟其后。

在一家玻璃厂里，一天晚上，一名抬板工抬坏了两张玻璃板。班长问其原因，他说：“板上有小裂口，所以抬坏了。”是的，玻璃上有小口子确实是直接原因，但是却不能作为理由——“你为什么不事先检查玻璃上有没有小裂口呢？”班长拉长脸问这个抬板工。

在日常工作中，我们总会遇到许多的问题和困难，此时，我们先要勇于承担责任，用平静的心去分析问题到底出在哪里，用脑子做事，这样不仅能更好地解决问题，也能让同事、上司对你产生一种信任感。而且，我们积累了处理问题的经验，无形中提高了自身水平，并为以后的工作奠定了坚实的基础。

直面问题，不逃避、不退缩，从多个角度思考，一步一个脚印地稳扎稳打，想不成功都难。

优秀和末流，你选择哪个？

改变思维，寻找方法

换一种思维，换一个角度，会开辟出一片新天地。新思维让人振奋，有什么比开发一块颇有前景的新市场更让人开心呢？在工作中，新思维就是帮人抢占先机，赢得胜利；新思维就是曲径通幽，柳暗花明；新思维能让人更乐观，更加充满希望。

有的时候，我们无法改变自己的外在处境，但是我们可以通过换一种思维，让事情“柳暗花明”，你要相信，上帝为你关上一扇窗，就会给你打开一道门。世界上没有死胡同，适当地更换自己的思维，改变自己的思路，放弃盲目的固执，理智地去思考，认真地去改变，就可能发现事情别有洞天。

在一次公司会议中，高层主管们正在为推出新的加湿器制订宣传方案。在家电市场上，加湿器已经非常多了，而且每个厂家都在绞尽脑汁做广告，让自己的加湿器更显眼、更出众，来争夺顾客。在这样激烈的竞争中，怎样才能将自己的加湿器成功地打入市场呢？所有的主管都一筹莫展。

在这个家电公司的会议上，大家争吵得同样激烈，都认为自己的方案最出色，老板越听眉头皱得越紧。这时，一个一直沉默的主管说道：“加湿器为什么一定要打出家电的牌子呢？”所有人都愣住了，他接着有条不紊地说：“是这样的，一次我看到妻子在用美容喷雾剂，既然市场有这样的需要，我们为什么不定位在美容产品上呢？”

他还没说完，老板一直皱着的眉头就舒展开了，一拍桌子：“好主意！我们就这样推销公司的加湿器！”结果，效果果然非同凡响，新的加湿器一上市，就成功抢占了市场，当然，这和他们新颖的创意宣传是分不开的。重新给商品定位，让顾客耳目一新，避开了惨烈的竞争，独享一片天地。

换一种思维，换一个角度，会开辟出一片新天地。新思维让人振奋，有什么比开发一块颇有前景的新市场更让人开心的呢？在工作中，新思维就是帮人抢占先机，赢得胜利；新思维就是曲径通幽，柳暗花明；新思维能让人更乐观，更加充满希望。

有两个观光团去日本伊豆半岛旅游，路上坑坑洼洼，一个导游不停地道歉，说这个路面就是这样，像麻子一样，他会建议公司把这段路修平整。而另一个导游却诗意盎然地对游客们说：“亲爱的女士们、先生们，我们现在正走在赫赫有名的伊豆迷人酒窝大道上。”

当你在工作中遭遇困境的时候，学着换一种眼光和思维看问题，相信你一定能够化逆境为顺境，化问题为机遇。我们相信第二个观光团听到那番解释的时候，心里一定会涌起许多浪漫的情怀，至少不会因为路上有坑而沮丧。无疑，那位导游是值得赞赏的，相信她的职业生涯也会顺利不少。

在中国陕北黄土高原的一个地方特产一种苹果，因为这个地方温差大、日光足，所出产的苹果格外香甜，销路一直都非常好。但是有一年，恰好在苹果熟了的时候，天公不作美，下了一场大冰雹，很多苹果都被打得遍体鳞伤，果农一下子陷入了无助的境地。此时，一个果农已经把苹果预售出去了两千吨，面对这突如其来的灾难，他该怎么办？即使降价，损失也非常大啊！

事情真的如此糟糕吗？不！这个果农沮丧之后，迅速寻找对策，考虑如何把这种不利变成有利。他仔仔细细地查看了受伤的苹果，突然想到了一个好办法，他迅速打出了广告：“高原苹果，味道美妙独特，那被冰雹打出的疤痕，是它特有的标记，谨防假冒，认清疤痕。”奇迹出现了，那些疤痕苹果远远比好苹果更畅销，以至于后来一批厂家专门订购出现疤痕的苹果。而果农也因此摆脱了窘境，大赚一笔。

看吧，换一种思维，开放大脑，寻找最棒的方法来解决问题，不仅能减少损失，还能创造奇迹。

还有一个中国古代的故事。从前，有位秀才上京赶考。考前几天，他一直重复做三个梦：第一个梦是自己爬到屋顶上种菜，第二个梦是大白天里他撑着把伞，第三个梦是和他喜欢的女子脱光了背靠着背躺在一起。

秀才感觉非常奇怪，就去一家寺庙找大师求解。

谁知那和尚一听就哀叹道：“阿弥陀佛，施主你还是回去吧！你想想，屋顶上种菜，和瞎子点灯一样，白费！不下雨你都打伞，岂不多此一举？和心爱的女子躺在一起却背靠背，就是没戏啦！”

秀才一听，心灰意冷，收拾东西准备回家。店老板不解地问：“这都快考试了，你怎么要回乡？”秀才垂头丧气地把那和尚的话说了一遍，店老板哈哈一笑："我也研究过一段时间解梦，我倒觉得那三个梦别有深意。你想，屋顶上种菜，不就是高种（中）吗？大白天打伞，说明你有备无患。和心爱的女子脱光躺在床上，不正说明你翻身的时候就快到了吗？"秀才听后，觉得也有道理，就欢天喜地地去参加了考试，果真高中。

学会改变自己的思维，能使你在工作中遭遇困境时找到峰回路转的契机，同时赢得一个新的世界。你应该相信，危机往往也是转机。当遇到问题的时候，不要在脑袋里画地为牢，让困难锁住你的头脑，而是要试着换一个角度、换一种思维去思考，这样就可以化逆境为顺境，化问题为机遇，从而寻找到成功的钥匙了。

好员工懂得合理地利用时间

我们要合理地利用时间，但也要明白欲速则不达，匆匆地做抉择常会使我们与目标背道而驰，盲目地做事恰恰是对时间的浪费。放慢匆匆的脚步，留下观察、思考与计划的时间，才是真正珍惜时间。

“时间就是金钱”的观念早已被人认同，对于职场中的人来说，做好合理的时间安排不仅能给自己带来“钱途”，更能带来前途——让自己的事业突飞猛进。培根说过：“选择时间就等于节省时间，而不合乎时宜的举动则等于乱打空气。”

同样是工作，有些人只懂得拼汗水，按部就班，安分守己，纵观他们的一生，成就也不大；而有的人却在努力地找方法，在有限的时间内最大限度地发挥创造性的作用，别人用很长时间走曲线到达目的地，他们走的却是直线。

善于利用时间的人会把时间用在刀刃上。

有这样一个故事：有个年轻人是一家花卉公司的销售人员，他来公司的第一个月才赚了一百美元，连吃饭都不够，与其他新人相比，他的业绩差得可怜。许多同行讥笑他不适合干这行，而这个年轻人却没有气馁。他仔细地分析了自己的销售图表和各种记录，发现大部分收益来自百分之二十的客户，但是他却对所有的客户花费了同样的时间。于是，他要求把一直反应冷淡，没有买过任何花卉的几十个客户分给其他的推销员，而自己把所有的时间都集中在那些最有希望的客户身上，而且，再分配出一段时间来努力寻找新的客户，从中筛选……当月，他赚到了一千五百美元，成为销售员中的冠军。

这个年轻人叫布里恩，后来成了美国花卉公司“农场直达”的总裁。在一次采访中他说：“我们没有任何秘密，我们也不需要有关物流的高谈阔论，我们靠的是实干和为鲜花运输不惜日夜操劳，当然，我们同时会不断总结经验教训，以节省时间和资本。”

每个职场中人都在解决问题、争取效益，有的人在机械地重复，他们不会想到如何进一步节省时间，创造奇迹，只是盼望着朝九晚五的工作快点结束。相反，聪明人会借着问题，将工作上升到更高效的层面，自己也可以更上一层楼。他们懂得，把时间用在刀刃上，就相当于给自己搭了个前进的跳板。

时间总是在不经意间悄悄溜走，它永远不会停留。要抓紧时间去做未完成的工作，不必再去为已逝的时间叹息，因为再多的时间也经不起浪费。

你可曾想过，是哪些因素干扰了你把时间用在刀刃上？

工作无序，众多事物不分轻重缓急，眉毛胡子一把抓，不仅浪费时间，还可能把最重要的事情给忙忘了，忙毁了。工作无序，没有条理，一定会浪费时间。比如一个人的桌子上资料乱放，东西乱堆，老板跟他要一份资料，他本来整理好了，却在那堆积如山的桌子上翻了一下午。试想，公司怎么重用这样的“人才”？怎么能指望他在承担一项重大的任务时不出错？

工作的有序和时间的分配息息相关。首先要明确你要干什么，什么是最重要的。很多成功者都说，一定要把自己工作的内容写下来，因为人的脑子每天受大量的信息冲击，是很容易忘事和犯迷糊的。而把工作内容写下来，便能清晰高效地自我管理，使工作条理化，因而使效率得到很大的提高。只有明确自己的工作是什么，才能认识自己工作的全貌，从大局着眼，而不是每天陷入烦乱和恐惧中。

美中贸易全国委员会主席唐纳德在《合理安排时间》一书中讲到了提高效率、节省时间的“三原则”，即为了提高效率，在做一件事之前，首先要问：能不能取消它？能不能把它与别的事情合并起来做？能不能用更简便的方法来取代它？

“浪费，最大的浪费莫过于浪费时间了。”这是爱迪生常对助手说的话。“人生太短暂了，要多想办法，用极少的时间办更多的事情。”在实验室，爱迪生用灯泡给助手上了一堂课。

一天，爱迪生在实验室里工作，他递给助手一个没上灯口的空玻璃灯泡说：“你量量灯泡的容量。”便又低头工作了。

过了好半天，他问：“容量是多少？”他没听见回答，转头看见助手拿着软尺在测量灯泡的周长、斜度，并拿了测得的数字伏在桌上计算。爱迪生说：“时间，时间，怎么费那么多的时间呢？”他走过来，拿起那个空灯泡，向里面斟满了水，交给助手说：“把里面的水倒在量杯里，马上告诉我它的容量。”助手立刻读出了数字。

爱迪生说：“这是多么容易的测量方法啊，它又准确，又节省时间，你怎么想不到呢？你还去测量计算，那岂不是白白地浪费时间吗？”

节省时间就要找巧办法。有这样一则寓言，青蛙和蛤蟆比赛，看谁先数到十，青蛙呱呱地叫着：“1，2，3……”蛤蟆慢吞吞地说“俩五一十”，获得了胜利。

时间需要我们合理地利用，但欲速则不达，匆匆地做抉择常会使我们与目标背道而驰，盲目地做事恰恰是对时间的浪费。放慢匆匆的脚步，留下观察、思考与计划的时间，才是真正珍惜时间。在工作中，一定要为自己的时间做一个有序的计划，问自己如何才能更好更快地完成任务，如何把自己的时间运用得更加合理。

记住，生命短暂，时间不多，要把一点一滴的时间都用在刀刃上。

做个与众不同的员工

与众不同才能脱颖而出。干工作也是一样，如果别人做什么你也做什么，别人做多少，你也做多少，一味地随波逐流，怎么能从众多员工中凸显出来呢？只有努力找方法，独具特色，才能成为备受关注的一流员工。

美国钢铁大王卡内基说过这样一个他亲身经历的故事：

小时候我家里非常穷，父母甚至给我交不起学费，但我比任何人都想获得成功。一次，我路过一个工地，看到一位穿着光鲜、老板模样的人正在那里指挥。说实话，他神气极了。我不由自主地走过去问他："请问您在盖什么？"

"我要造一座大厦，给我的公司用。"

"我该怎么做才能像您这样呢？"卡内基非常羡慕地问。

"小伙子，首先你要勤奋肯干！"那人来了兴致，不再盯着那帮工人看，而是把头转向了我。

"这我当然知道。"

"嗯，下一步就是买件红衣服穿在身上。"

"为什么？这和成功有关系吗？"我有些怀疑他在开玩笑。

"当然有关系！"那位老板一脸认真，"你看，那些全是我手下的人，但穿的都是清一色灰蒙蒙的衣服，所以我一个也不认识。但是你看那位穿红衣服的！”我顺着他手指的方向望过去，果然，非常鲜艳，非常显眼。那人继续说：“我的眼睛每次都忍不住望向他，就因为他和别人不一样，他做得又很不错，所以过两天我会提拔他。”

日本有一个叫光义的推销员，曾经去百货公司推销一种玩偶，并为此刊登了广告，做了一番宣传。遗憾的是，这种玩偶并未因此而畅销，大部分都积压下来。百货公司的店员对他说：“这种玩偶卖不掉。”并要求光义把这些玩偶拿回去。无奈之下，光义只得把这种黑皮肤的玩偶全都带回来，堆放在仓库里。

光义的儿子新田是一个非常喜欢动脑筋的年轻人，他注意到，百货公司里有一种身穿游泳衣的女模特模型，每个女模特模型都有一双雪白的手臂。他想，如果把这种黑色的玩偶放在女模特模型雪白的手腕上，那真是黑白分明，引人注目。通过这样鲜明的对比，说不定顾客会喜欢上这种玩偶。新田决定把自己的想法付诸实践。经过艰难的劝说后，百货公司终于同意让那些泳装模特手拿玩偶。

“这个玩偶真可爱，在哪儿有卖的？”原来无人问津的玩偶，一时间成了热门的抢手货。

后来，新田又想出一个办法，他聘请了几位年轻漂亮、皮肤白皙的女孩子，身着夏装，手拿那种玩偶，在东京繁华热闹的街道上“招摇过市”。这引起了许多行人的关注，特别是一些年轻人，他们纷纷表示，带着这样的玩偶上街非常酷。这几个手持玩偶的女孩儿甚至引起了一些新闻记者的注意，第二天，许多报纸上都刊登了照片和相关报道，东京竟因此而掀起一股玩偶热。新田的玩偶很快销售一空。

7-ELEVEN是一家大型的便利店连锁企业，在全世界的连锁店达24000家之多。从茶叶蛋到啤酒、水、面包甚至手表等物品，在7-ELEVEN都可以买到。现在它又添加了新业务——帮客户代交电话费、为自来水公司代收水费、为电力公司代收电费、为煤气公司代收煤气费、为邮局代收邮件，甚至为网上商店代送商品等，结果不仅增加了利润，而且与社区居民的关系也更为密切了。

7-ELEVEN甚至开始抢麦当劳的汉堡市场，因为他们认为自己比麦当劳更有优势，自己比麦当劳卖得便宜，而且质量口味也都有保证。最重要的是，7-ELEVEN是24小时营业，也就是顾客随时都能吃上热气腾腾的汉堡。后来，7-ELEVEN又与星巴克合作，这意味着，如果您想要喝星巴克咖啡，可能不用再跑到星巴克，只到附近的7-ELEVEN就能喝到。

这就是差别法则。能做出和别人不一样的东西，有别人没有的眼光，注意到别人没注意的细节，那么恭喜你，你已经成功了百分之六十，成功的关键点就是差异和特色。

与众不同才能脱颖而出。干工作也是一样，如果别人做什么你也做什么，别人做多少你也做多少，一味地随波逐流，怎么能从员工中凸显出来呢？只有努力找方法，独具特色，才能成为备受关注的一流员工。

拒绝“苦劳”，争取“功劳”

如果我们想走更远的路，如果我们想成为一名优秀的员工，一名优秀的执行人才，如果我们想打造一个最优秀的团队，那么请记住，执行是要做出结果。

当老板交给你一项任务时，重点不是在执行的过程，而是在完成的结果。你是在做事，但是你“当一天和尚撞一天钟”，然后堂而皇之地说一句“我没有功劳也有苦劳吧”，对企业来说，你的这种苦劳毫无作用。我们要懂得一个道理，那就是对结果负责，对我们工作的价值负责，对任务负责，对工作的流程负责。

请给我结果，而不是借口。老板要的是功劳，不是浪费时间、精力、工资的苦劳。只有员工做出结果，企业才能赚钱，员工才能得到工资。

有这样一个小故事。小王、小李、小段同时应聘到一家公司，一年后，这三位新人的待遇大不相同。小王每月拿一万块钱的薪水，小李拿五千块，而小段还是刚进公司时的薪水两千块。一个客户也注意到了这种情况，就饶有兴致地问老板原因。老板微笑着说：“这可不是在学校，他们拿着不同的成绩来应聘，但工作起点是相同的。在公司，给多少薪水可不是由你在学校时的成绩决定的。”看着客户困惑的样子，老板说：“那好吧，我让他们做同一件事你就明白了。”

老板把这三人依次找来，吩咐他们调查一下运输站旁边的货车上的布匹的质量、颜色、价格。“详细记录，尽快给我答案。”

一个小时后，三个人几乎同时回来。小段抢先说：“我有个运输站的朋友，他答应给我调查了，一有结果，他会马上通知我。我会尽快给你，相信我！”

小李稳重地把货车上布匹的质量、颜色、价格一一报告给老板。

到了小王，他细致地重复了布匹的质量、颜色和价格后，又接着说，他知道老板不会无缘无故地打听这批货，老板可能对收购这批货有兴趣。在回来的路上，他已经打电话给其余的同类产品供应商，并且断定，同样的货能给公司节省百分之七的开销，希望老板认真考虑一下。

此时，老板会心一笑，而客户也恍然大悟。

相信明眼人一看便知道，这三个同时进公司的人为什么薪水有那么大的差别。我们也可以自己想想，这三个人，哪个人身上有自己的影子？自己和拿高薪水的人究竟有什么区别，是天赋？是智商？当然不是，就是完成的结果。

对一家企业来说，盈利是底线，作为一名员工，完成任务是底线。说到底，你不能把公司彻底当成“家”，在公司做事不像在家，只要尽力就行了，而是要完成。这就是职业化的由来。职业化就是老板不盯着你，你也能把任务完成得尽善尽美，你也会竭尽全力。你对得起公司，更对得起自己拿的薪水。你可以有无数的构想，但是你必须把上司交付给你的任务做好，做出优异的成绩，给上司一份满意的答卷，这才是重中之重。

三星笔记本开始研发的时候，索尼是笔记本世界里的巨无霸。三星董事长下定决心，一定要研制出比索尼更薄的笔记本。这样的目标在当时看来无异于痴人说梦，因为索尼的轻薄精致，简直就是一种当时技术所能达到的“极致”。

三星当时主攻技术的是陈大吉，他立下“军令状”，一定要比索尼薄一厘米，打不过索尼，就证明不了三星的强大。当时的任务非常艰巨，不仅仅是索尼的强大，还因为正赶上全球经济不景气，其他企业都缩减科研经费、生产规模。陈大吉并没有推卸责任，他埋头苦干，不断克服技术难题，成功地实现了目标。

三星在当年的销售量超越了索尼，迅速成为世界知名品牌，还接到了戴尔的巨额订单，而笔记本历史上也永远留下了陈大吉的名字。

这是一个实实在在的难题，如果陈大吉只是“努力过”“苦劳”过，没有结果，那么三星笔记本恐怕还只是一个名不见经传的产品，还在惨淡经营。

进入公司的每一天，你都会把时间和精力用在工作上面，但你一定要明白一个道理，那就是你在用结果交换你的工资；同时，也在用结果来证明你的价值。再往大处说，结果怎样和别人没关系，你每天的价值累积就是你自己人生的价值。

所以，结果是由你自己掌握的，你要对得起自己。

在一次奥运会上，人们注意到，比赛已经结束，但坦桑尼亚选手艾克瓦里还在坚持。他受了伤，满腿血污，但还是坚持跑到终点。有人问他："你都受伤了，比赛也结束了，为什么还要坚持跑呢？"

他回答："我的国家送我来到这里，不是派我来起跑，而是派我来完成比赛的。"

说得好！成功不是目的，结果才是最重要的——在马拉松比赛中，艾克瓦里跑完了全程，完成了国家交给他的任务。坦桑尼亚为他骄傲，世界为他骄傲。

什么让你痛苦？什么让你强大？什么让你更优秀？答案很简单，就是结果！

就拿卖苹果来说，普通的苹果平均下来能卖到五角钱。当卖家拿到这五角钱后他就想，如果能卖到六角七角该多好。于是他开始想办法，套袋、保鲜、在苹果上刻字、增加产量、把苹果的营养成分介绍给客户……让苹果增值，让客户更满意，让我们自己赚的钱更多。这就是结果心态。

如果我们想走更远的路，如果我们想成为一名优秀的员工，一名优秀的执行人才，如果我们想打造一个最优秀的团队，那么请记住，执行是要做出结果。

第二章

与其抱怨工作，不如努力工作

不抱怨地工作

抱怨没有任何用处，处在职场里，你就该闭紧抱怨的嘴，把所有的热情和心思都投注到工作上。世界上没有十全十美的工作，与其抱怨，不如改变心态。命运不会因为抱怨而改变，要想改变自己的命运，首先就要努力工作，不要抱怨。只有不抱怨工作的人，才是最快乐的人；只有不抱怨工作的员工，才是最优秀的员工。

在我们周围，好像总是充斥着一大片抱怨声。抱怨工作太辛苦，薪水却低得可怜。明明是自己迟到了，却抱怨闹钟不准时，塞车太严重；工作完不成，抱怨老板太苛刻；自己没能力，就抱怨上司没眼力，不提拔自己。实在没什么理由，还要抱怨命苦，上天没赐给自己一个好爸爸。似乎老天爷就是对他不公，似乎他就是这个世界上最倒霉的人。

可是，抱怨能解决问题吗？抱怨能使你摆脱困境吗？抱怨能使你的工作、学业、生意越来越好吗？难道你的抱怨多，一切就会柳暗花明？当然不是。大家可以仔细想想，抱怨送给了你们什么礼物？第一，大把被浪费的时间，直接耽误了你解决问题的时间，情况会变得更糟。第二，给你自己造成了恶劣的影响，打击自己的士气，弄糟自己的心情、混淆思路，一次抱怨、两次抱怨，越抱怨就越感觉自己的处境糟糕，变得消极被动。第三，给周围的人、给上司带来坏印象。拿同事、朋友来说，谁愿意整天和一个满口抱怨、天天愁眉不展的人共事？不仅事做不好，还影响心情。对上司来讲，花钱是雇人还是买抱怨？他怎么能放心把事交给一个狭隘悲观的人？

著名的成功大师奥里森·马尔登告诉我们："不要老是抱怨。过多的抱怨只是一个人衰老的象征，真正的强者是从不抱怨的。命运把他扔向天空，他就做鹰；把他置于山林，他就做虎；把他放到草原，他就做狼；把他投到大海，他就做鲨。"

不断地抱怨，就是在排斥梦想的成功。

你一直都在说你不想要的东西，你所有的重心都放在不想要的东西上面，而真正想要的却没有时间去想。久而久之，想要的没了，不想要的却源源不断地来了。

有这样一个初入职场的女孩叫小A，她非常想在公司高层面前表现自己。她有一个缺点，就是非常爱抱怨。公司每个季度都 有一个欢迎新人的舞会，小A的毛病又犯了。她抱怨自己没钱买漂亮的晚礼服，等成功租到一套完美的晚礼服后她又开始抱怨自己身材差。节食减肥了一个星期后，小A还要抱怨自己没参加过这种舞会，怕会出糗，于是恶补了一些相关的礼节。她战战兢兢地去参加这次舞会，临出门的时候还在抱怨裙子这么贵，弄坏了赔都赔不起。

结果，本该轻松享受的舞会被她弄成了参加高考般紧张，她甚至连可乐都不敢喝。就在舞会快结束的时候，意外出现了。董事长经过她身边的时候脚底一滑，将一杯红酒洒在她的裙子上，她在擦裙子的时候因为心情太沮丧，还把裙子上的蕾丝弄掉了。结果，她原价赔偿了店老板一条昂贵的裙子。

其实，人是有奇怪的吸引力的。你会吸引那些符合自己思想模式的事物，同时排斥不协调的事物。你说的话都在表明和巩固你自己的想法，你无时无刻不在告诉你的潜意识，这件倒霉的事一定会发生。而那些幸运的事，你从来都没有提到过，也就变相地排斥了自己想要的东西。

有这样一个有趣的小故事。

一个“白领”心理咨询室先后来了两位顾客，他们来自同一家公司，一个是高管，一个是老板。高管情绪激动地嚷嚷：“我说我不想来这个破公司，这家老板非把我拉来，虽然工资高了点，职位高了点，但这家公司的问题这么多，战略不清晰、管理混乱、保险不健全、老板经常变换思路等等，而且老板还不听意见，根本就是个一意孤行的暴君！我准备跳槽。”

而后来到咨询室的老板也是满腹牢骚：“我这儿哪里是雇人？我是花钱请个挑毛病的大爷！对企业这也看不惯，那也看不惯，想请他走人吧，一笔猎头费血本无归；有心留下吧，又担心他整天抱怨，成为公司的不安定因素。”

职业顾问给这位“空降兵”开的药方是：闭紧嘴巴，少说多做，少点抱怨，埋头实干。谁都喜欢有能力的人，最初的摩擦根源也不是什么“私仇”，而是“公怨”——老板怀疑这个高管只会抱怨，高管怀疑老板不能虚心纳谏。高管现在最重要的就是先打一些“小胜仗”，干出样子来，再选择合适的时机提出建设性的意见。给这位老板的建议同样是：忍耐一下，看看往后的情况如何。

老板忍耐了几个月，抱着业绩表就乐开怀了：这位高管给公司节约了近百万的成本。而这位公司的高管也看到了企业的潜力，看到了自己的施展空间，这对“欢喜冤家”终于对上眼了。

抱怨没有任何用处，处在职场里，你就该闭紧抱怨的嘴，把所有的热情和心思都投注到工作上。世界上没有十全十美的工作，与其抱怨，不如改变心态。命运不会因为抱怨而改变，要想改变自己的命运，首先就要努力工作，不要抱怨。只有不抱怨工作的人，才是最快乐的人；只有不抱怨工作的员工，才是最优秀的员工。

你是在为自己工作

你没有理由不认真工作。你所在的公司不仅是别人的船，也是你自己的船，你在这里投入了时间和精力，这条船怎么会和你毫无关系呢？即使受到挫折，也不要气馁，因为谁也抢不走你努力得到的——你的技能、经验、决心、信心、能力。相信自己，付出必有回报。

在我们的周围，经常会有这么一些人，他们每天忙忙碌碌地上班、下班，领着固定的薪水，因为一些小事高兴或者抱怨……他们机械而被动地工作着。为了工作而工作，为了微薄的工资去工作，朝九晚五，不光他们干着枯燥无味，就连旁人都替他们感到无奈、绝望。他们从来不思考，到底什么是工作，为什么要工作，自己在为谁工作？答案是，当然是为了那个苛刻小气的老板。错！你是在为自己工作！你在工作中积累着经验，锻炼自己，熟悉技巧，掌握人脉，累积信任，在不知不觉中完成质的飞跃，获得归属感和成就感。金钱不是目的，它只是工作给你的无数奖励中的一个。你是在为了自己的前途，为了自己的人生发展而工作。

有这样一个小故事。

一个建筑师，干了几十年，因为专业、敬业深得老板的欣赏和信任。天长日久，这个建筑师厌倦了为别人打工的生活，他想要自己开一家公司。他对老板说自己想辞职做一些其他的生意。老板十分舍不得他，再三挽留，但是他去意已决，不为所动。老板只好接受了他递上来的辞呈，但同时请他帮个忙，就是再帮自己盖一座房子。这个建筑师推辞不得，只好答应下来。

但是他在这座房子上一点儿心思都没用，不过是应付差事而已。整个房子做工粗糙，用料也不严格，设计有几处纰漏他也睁一只眼闭一只眼，就想着赶时间——反正也不是给自己建造的房子。万万没想到的是，房子建好后，老板把钥匙交到这个建筑师的手里并说："数十年情谊，想送你座房子，想来想去，还是你干活我最放心，但我没想到……"

这个建筑师悔之晚矣。他为别人盖了那么多精工制作的房子，最后却为自己建了一座粗制滥造的破房子。他以为在为别人打工，却不知道自己所做的事就是为了自己。从表面看来，你确实在为老板卖命，你辛苦也好，清闲也罢，你所做的就是为公司招揽业务，争取利润，偏偏你的利益又不能和努力及时挂钩，或者根本不挂钩。但实际上，身处公司这个系统，公司给你的工作报酬是金钱，而且这金钱可能还达不到你的期待。但你在工作中实际所得到的报酬还有最珍贵的经验、良好的训练和展示的舞台，你越优秀，鲜花和掌声就会越多。所以，尽快放弃那种为了薪水而工作的念头吧，它是你成功路上最大的绊脚石。

要明白，你不只是在为公司工作，更是在为自己工作。如果你斤斤计较，就盯着今天少赚了多少钱，生怕吃一点点亏，往往会被这样的短期利益蒙蔽心智，你一辈子都只能在小职员的位置上挂着。工作中，比薪水更重要的是学习经验、锻炼能力、获得成长的机会，千万别捡了芝麻丢了西瓜。

齐瓦勃小时候家里很穷，没钱接受教育，他从15岁开始就到一个山村干活，做过马夫、农民、打杂的，无论是多么卑微、多么令人难以忍受的工作，他都做得很出色。但是有着远大抱负的他无时无刻不在寻找自己发展的机遇，三年后，他去了一个建筑工地打工。

刚一到建筑工地，齐瓦勃就抱定决心——一定要做这些人中最优秀的一个。当其他人都在抱怨工作太累，薪水太低，不好好干活的时候，齐瓦勃却默默地忍受着、努力着，他积累着工作经验，自学建筑知识。

有一次休息时，同伴们都在聊天、玩闹，只有齐瓦勃躲在角落里看书。正赶上经理来工地检查工作，经理走过来看看齐瓦勃的书和笔记，什么也没说就走了。第二天，齐瓦勃被提拔为公司的技师。有人不服气，挖苦他装样子，他回答说："我不光是在为老板打工，也不完全是为了钱，我是在为我自己打工，在努力完成我的梦想。只有我的价值远远超出我所得到的薪水，我才能得到重用！"抱着这样的信念，齐瓦勃一步步升到了总工程师的职位上。25岁那年，齐瓦勃又做了这家建筑公司的总经理。

齐瓦勃的经历表明，你最该清楚的就是你在为自己工作，而不应只为薪水而工作，得过且过。你该有自己的梦想，工作只是你前进的阶梯。阶梯稳，你才能登得高、走得远。工作所给予你的，要比你为它付出的更多。如果你将工作视为一个你需要获得实践经验的机会，那么，每一项工作都包含着许多这样的机会。

事实上，世界上大多数人都是为了薪水步履匆匆，头脑麻木地活着。他们甘于琐碎的生命，甘于混沌的日子，他们的梦想被现实磨平了，他们早就不为自己打工了。洛克菲勒说过，我们努力工作的最高报酬，不在于我们所获得的，而在于我们会因此成为什么。努力工作，看起来受惠的是公司，最终的受益者却是自己。困难的任务能锻炼我们的能力，拓展我们的才能，和同事的合作能培养我们的性格和适应能力。

要记住，能力比金钱重要，金钱会花光、会丢失、会被偷，但是能力不会，这是工作给你的一笔最宝贵的财富。也许有一天你坠入谷底，但只要坚持不懈，你最终能重返事业的巅峰，俯瞰人生。为什么呢？因为能力永远伴随着你。

无论是创造力、决策力、执行力还是洞察力，都不是一蹴而就的，而是在长期认真负责的工作中积累和学习到的。老板能控制你的工资，却不能限制你学习的眼睛和精神。我们不仅要为现在的薪水工作，更要为未来的发展奋斗。

你没有理由不认真工作，你所在的公司不仅是别人的船，也是你自己的船，你在这里投入了时间和精力，这条船怎么会和你毫无关系呢？即使受到挫折，也不要气馁，因为谁也抢不走你努力得到的——你的技能、经验、决心、信心、能力。相信自己，付出必有回报。

你对付工作，工作就会“对付”你

无论你从事什么工作，都要把认真负责的精神当成呼吸，千万不要当一天和尚撞一天钟，那样不仅会害了公司，更会害了你自己。要知道，你已经把时间和精力都压在工作上了，要是不能把工作做好，不能为自己的人生写上“优秀”二字，这也将是一种遗憾。

在职场中，有一个很普遍也很可怕的现象：在公司，如果老板不在，很多人就忙忙这做做那，都是一些和工作无关的事。老板在的时候，他们想的不是更多、更快、更好地完成工作，而是考虑如何对付工作才会让老板更不容易察觉，让自己更轻松。他们能少干就少干，能推掉就推掉，总而言之，决不能“便宜”了老板。宁可不足，决不多干一分，“给多少钱，就做多少事”。他们自以为很聪明，却不知道你对付工作，工作也在“对付”你。懈怠的工作态度让你懒惰，思维慢慢地退化，老板对你的态度会越来越冷，同事们对你的意见也会越来越多。

身在职场，只有对工作认真负责才是真正的聪明。你只有每天出色地完成工作，把工作当成事业，当成一同进退的伙伴，你才能快速获得提升。如果你松松垮垮，每天稀里糊涂，对工作敷衍了事，你总有一天会丢了饭碗。今天工作不努力，明天努力找工作。

一个罐头厂的采购员为单位订购一批水果，这人仗着自己学历高，在公司资历老，对合同扫了几眼就大笔一挥，“刷刷”签上了大名。结果，问题就出在这合同上。“……梨每个大于25克、有疤痕的不要。”给人感觉是，符合条件的梨应该小于25克，不带疤痕。结果供货商钻了空子，拉来几车全是非常小的梨，公司损失惨重。

这个采购员的下场也不难想象——直接被辞退。

每个坐在老板位置上的人都是不容易糊弄的，他们是不会容忍那些只知道拿薪水却对工作不负责任的员工的。更何况，现在是市场经济时代，企业之间的竞争已经越来越白热化，一点点的疏忽和差错都可能关系到企业的生死存亡，更何况是一些工作没责任感，天天对付、糊弄工作的人，他们简直就是公司的隐患。

格林·派克是美国一家大企业的中层管理人员，他头脑聪明，刻苦能干，如果不出意外，他甚至有希望接任公司的最高职位，事业前景一片光明。他自己也颇为得意，自觉自己在中层职位上有点大材小用。

但是在一天下午，工作进行到一半时，派克就想去看球赛。有人劝他应该把工作完成，否则老板会生气。派克笑了笑说：“老板不会知道的，更何况这么简单的工作我已经做好了四分之三，等我回来再继续。”派克偷偷地离开了办公室，找到一个有电视的房间，尽情地欣赏起自己喜爱的球队的比赛。

半小时后，他带着惬意匆匆赶回自己的办公室，似乎一切正常，他的同事们还在忙忙碌碌。但似乎又有什么不太对劲，他回到自己的桌子旁，突然被桌子上的一张纸条惊呆了。上面写道：“派克先生，既然你那么喜欢擅离职守，我看你还是另谋高就吧。”上面是他熟悉的老板签名。原来，就在他刚离开的时候，从不到下面“串门”的老板很随意地走进了他的办公室。原因是有一个重要的报表在派克这里，它关系到几千万美元的大生意。因为需要在几分钟内给客户回话，老板就在他的桌子旁左等右等，派克就是不回来，电话也打不通——为了能专注地看球赛，派克把手机关了。老板勃然大怒，毅然辞掉了这位很有潜质的中层管理者。

中年失业的派克辗转应聘了几家公司，但始终未能找到适合自己的位置，收入每况愈下，生活日渐潦倒。对于那次离岗看球赛，他一定深感后悔。

有一句话想必大家早已耳熟能详：今天工作不努力，明天努力找工作。其实我们也可以这样说：今天你对工作瞎对付，明天工作就会“对付”你！如果今天你对工作完全不负责任，处理事情错漏百出，那么明天你很可能就会成为公司的裁员对象。不敷衍工作而是认真负责，这种态度才是正确的，它会帮你保住荣誉、信誉，赢得未来。无论你从事什么工作，都要认真负责，千万不要当一天和尚撞一天钟，那样不仅会害了公司，更会害了你自己。要知道，你已经把时间和精力都压在工作上了，要是不能把工作做好，不能为自己的人生写上“优秀”二字，这也将是一种遗憾。

积极工作，乐在其中

有一种人，他们在职场上为了工作而工作，被动地应付工作，机械地完成任务，不在工作中投入自己全部的热情和智慧，常常抱怨工作。这样的人，终其一生也许都不会有真正的成功。只有真诚、乐观的精神和百折不挠的毅力，才是成功的法宝。

每个人都必须工作，为了生活，更为了实现人生的价值。如果一个人能找到工作的乐趣，就能很好地投入到工作之中，从而充分挖掘自己的潜力。一个普通的工作，只要你认真对待，怀着积极的心态去做，常常能找到其中的乐趣，同样也能够有所收获。

有些时候，我们总是埋怨，为什么总是找不到让自己喜欢的工作。其实，世界上没有卑微的工作，只有卑微的人。在工作中，我们要想方设法地找到工作的乐趣，当对工作产生兴趣时，你就会渐渐喜欢上自己的工作，在工作中做出出色的成绩。

一个人整天无所事事，那么他必定过得十分无聊和空洞，只有通过工作，人生才能得到充实和满足。工作还是我们获得知识、积累经验、增加信心的途径。我们如果能认识到工作的种种好处，就会自然而然地对工作产生兴趣。当你从工作中获得了巨大回报，从工作中渐渐地提升了自己的时候，你就不会再把工作当成是一件苦差事，工作也就不再是单调的事情，而变成了一种生活方式。只有把现有的事情做好，你才可能被委以重任，才能在以后的人生道路上越走越宽。所以说，我们没有理由讨厌现在的工作，没有理由不去做好每天的工作。要知道，努力工作是对自己最大的投资。

美国著名发明家爱迪生在发明白炽灯泡时，为了找到适合的材料，曾历经千辛万苦，做了一千多次的试验。当谈到自己发明灯泡的过程时，他风趣地说："我成功地知道了一千种不适合做灯丝的材料。"

可以说没有对科学的兴趣、对工作的热爱，爱迪生也不会取得最后的成功。

事实证明，当一个人在工作中找到了乐趣，他就会全身心地投入到工作中去，就不会随便变动自己的工作。而当一个人对工作没有兴趣，认为工作只是件差事的时候，他就会时时感到工作的压力，心情也就越来越紧张。当你对工作提不起精神的时候，最好能好好地调整一下自己，找到其中的原因。否则，即使换一万份工作，也不会有所改观。

一些员工，他们拥有渊博的知识，受过专业的训练，有一份令人羡慕的工作，拿一份不菲的薪水，但就是感觉不到工作的乐趣。他们整天过得很孤独，不喜欢与人交流，不喜欢星期一；他们视工作为生存的手段，认为是迫不得已才去工作。

如果一个人很嫌弃他的工作，那他注定不会认真去对待自己的工作。如果一个人认为他的工作辛苦、烦闷，那么他也绝对做不好自己的工作，更不要说去发挥自己的潜力与特长。消极看待工作的人总是不能看到工作带给他的种种好处，其实这正反映了他们内心的懦弱——没有勇气去赢得工作的主动权，没有勇气去获得成功。

为了工作而工作，被动地应付工作，机械地完成任务，不在工作中投入自己全部的热情和智慧，常常抱怨工作——这样的人，终其一生也不会有真正的成功。面对工作时，只有具有真诚、乐观的精神和百折不挠的毅力，才能获得成功。

也许你的工作很平凡，但即使这样，你也应该拿出十二分的热忱。这样，你才不会有劳碌辛苦的感觉，才能体会到平凡工作中的不平凡，才能感觉到工作带给你的满足。

抱怨只不过是逃避责任的借口，是对自己和社会不负责任的表现。让我们来看一个真正热爱工作并获得成功的人——亨利·欧萨，他让许多不能说话的人重新说话，让许多不能走路的人过上了正常的生活，让许多看不起病的人得到了医疗保障……他的公司拥有10亿美元以上的资产，这不仅是由于他的努力，也源于他的慷慨和仁慈，他所做的一切都源于母亲对他的教诲。

他的母亲名叫玛丽，工作一天后，她总会抽出时间帮助那些不幸的人。她叮嘱儿子："亨利，任何人如果不工作就没有价值，我留给你的是一份无价的礼物——快乐工作。"

欧萨说："我的母亲最先教给我要学会热爱和关心他人。她常常说，热爱人和为人服务是人生中最有价值的事。"

的确，如果你能带着热情和兴趣去工作，那么，你就不会感受到工作的辛苦和单调。即使给你再多的工作，延长你再多的工作时间，你也不会觉得疲劳，因为兴趣会使你的整个身体充满活力。

一个人应该试着将自己的爱好与所从事的工作结合起来，不能无所事事地终老一生，无论做什么，都要真心热爱自己所做的事，做到乐在其中。

成功者总是喜欢工作，他们把工作中的喜悦传递给他人，使大家不由自主地接近他们，乐于与他们相处或共事。人生最有意义的事就是工作，要把与同事相处看成是一种缘分，把与顾客、生意伙伴的见面当成是一种乐趣，这样才能快乐地工作。

只有通过工作，才能生活得更加愉快；只有在工作中找到兴趣，主动地去工作，工作才是件快乐的事。

聪明人更要下“笨”功夫

一个最让老板信任的下属，一个真正聪明的职员，无论有没有偷懒的机会或老板在不在面前，他都能认真地工作、毫不懈怠、忠于职守。在充实自己的同时，也让老板欣赏，总有一天，幸运会降临到他的头上。

似乎一提到那些大的成就，我们就认为完成者是有天赋的聪明人。事实上，这些聪明人往往都是下了最大的“笨”功夫。在这个世界上，要想获得成功，没有什么捷径，只有一步一步、认认真真、踏踏实实地努力。

比尔·盖茨是当今世界上大家公认的聪明人，他建立了微软帝国，是世界知名富豪，大慈善家，但就是这个举世公认的聪明人也不是眼睛一闭就能思考出个微软帝国来的。在哈佛大学里，天才有很多，盖茨一直引以为傲的数学成绩很快就被比下去了，这让盖茨信心受挫，他下定决心转移到自己比较擅长的计算机领域发展。但时间不够，精力也不够，盖茨一想，等他大学毕业再研究计算机就晚了，于是他决定退学。退学之后的盖茨更忙了，他曾说，自己最得意的事就是几天几夜不睡觉地工作，再接连睡几天。只要用毯子盖住头，在哪里他都能睡着。

要说比尔·盖茨的天赋也算高的，但是他为了获得成功，也在拼命地努力。天赋是需要用勤奋来开发的，一些本来很有天赋的人喜欢耍小聪明，在一些小事上投机取巧，最终耽误了自己。事情是由量变到质变发展的，因此，并不需要每一次都来一些“翻天覆地”的大举措，只需要稳稳当当地持续走好每一步，而不是贪图快和省事。任何人走得太快都会失去控制，若不能安心于一点点地进步，很可能会退后一大步。

只有踏踏实实地走好每一步，才能最快地到达成功。有一些管理学专家专门研究公司失败的根源，结果有一个惊人的发现，一些顶级的大公司失败的原因无一例外都是追求“快”。它们走的“捷径”太多，而忘记了要踏实，要“笨”一点，要实际一点。

为了表彰后来被日本人称为“现代品质管理之父”的戴明博士对二战后日本经济腾飞所做的卓越贡献，日本曾以他的名字命名了一个奖项——“戴明博士奖”。戴明博士的核心管理思想就是每天进步一点点，创新一点点。成功并不复杂，并不神秘，要想走向成功，就需要一步步地走，把简单的任务重复着做，哪怕你每天只进步百分之一，天长日久，你也会打败所有的竞争对手。所谓真正的智慧，并不是让自己偷懒的小技巧，而是“大智若愚”，做那些看起来很傻很苦的努力，最后达到别人无法企及的巅峰。

阿诺德·施瓦辛格一度成为全美的健美明星。健美完全是看你的身体素质，这在很多人眼里算是上天给的“礼物”。但是施瓦辛格不这么认为，他在一本自传中说：“要肌肉生长，你必须有无穷的意志力，你必须挨得住痛，你不能可怜自己，稍痛即止。你要跨越痛苦，甚至爱上痛苦，人家做10次的动作，你要翻倍，做20次。还有，你要想尽办法，锻炼自己不同部位的肌肉，让它们必须强壮，必须结实。没有坚强的意志，你绝对不会成功。”

不要自以为是，更不要凭着自己那点浅薄的“天赋”耍小聪明，没有一个做出成就的人是随随便便成功的。如果耍小聪明真的得到了一点甜头，也只是运气好，而一个人的运气不可能永远那么好，“笨”功夫永远是必须的。

曾经，有一个画家去拜访世界著名画家门采尔，他苦恼地说：“为什么我用一天时间画的画，要用一年才能卖出去呢？”

门采尔微微一笑：“你尝试一下用一年画一幅画，你一天就能卖出去。”

画家大悟。

实现梦想永远是一个精益求精的过程，而不是浅尝辄止、抄小路、走近道的过程。奇拉格说：“只有那些失败者才希望能马上成功，最佳行为者都清楚地明白，成功是通过以往行为所获得的经验和踏踏实实的努力取得的。”

巴尔扎克成名之后，一个老太太拿出一个作文本来问巴尔扎克这些作文写得怎么样。

巴尔扎克摇摇头：“糟糕极了！天赋不多！”

老太太大笑：“这可是您小时候的作文本。”

巴尔扎克一点儿也没窘迫，他坦然地说：“对啊，我可没说错，我的成功可不是仅仅靠天赋得来的啊！”

成功是辛勤劳动的结果。中国古代就有“书山有路勤为径”“没有一番寒彻骨，哪得梅花扑鼻香”这样的名言。西方也有谚语：“灵感是这样一位客人，他从来不拜访懒人。”无论有多少美妙的梦想，多么精巧的构思，要取得成功，都需要实实在在地努力，否则一切都只是空想。

有一种人非常爱耍小聪明，看起来工作认真，事实上只是在做样子。他们认为那些真正下“笨”功夫的人才是傻瓜，他们躲避责任，无时无刻不想占公司的便宜。事实上，能做到老板位置的人自然也是聪明的，这些人的招数在老板眼里都被别人玩过许多遍了，谁看不出来才是笨蛋。老板明白哪几个人惯于寻找偷懒的机会，哪几个人只是在他面前干得特别起劲，一等他走开之后就丢开一切，什么都不做了。而一个最让老板信任的下属，一个真正聪明的职员，无论有没有偷懒的机会或老板在不在面前，他都能认真地工作，毫不懈怠、忠于职守。在充实自己的同时，也让老板欣赏，总有一天，幸运会降临到他的头上。

三分工作投注十分热情

你要告诉自己："我爱我自己，爱我的工作，我要把自己燃烧在工作里，做出百分之百的努力。"成功是一种心态。在通往成功的道路上，胜利最终属于那些认为自己能行的人！要想获得成功，除了要有热情，还要有信心，要以十分的热情迎接三分的工作。

有史以来，没有任何一项伟大的事业是在没有热忱的情况下成功的。佛里德利·威尔森曾经是纽约中央铁路公司的总裁，一次，一个记者采访他，问他如何才能在事业上获得成功。威尔森想了想回答说："我一直认为，一个人的经验愈多，对事业就愈认真，这是一般人容易忽略的成功秘诀。成功者和失败者的聪明才智，相差并不大。如果两者的实力相当的话，对工作有较高热忱的人，一定比较容易成功。一个具有实力而富有热忱的人，和一个虽具实力但没有热忱或热忱不高的人相比，前者的成功率也多半会高过后者。"

这就是把热情投入工作的好处，你会更有信心、决心，也会更热爱你的工作。无论你是建筑工地的工人，还是在经营一家大公司的总裁，你都能看到那些对工作充满热忱的人总是比别人更轻松、更高效，也更享受自己的工作。在他们眼里，工作是一项神圣的天职，他们怀着深切的热忱，无论遇到什么艰难险阻，他们都会不急不躁，不怨天尤人，乐观认真地去克服困难，走向成功。对工作充满热情的人，是强大的、勇敢的、自信的，一定会达到自己的目标。爱默生说过：“有史以来，没有任何一项伟大的事业不是因为热忱而成功的。”事实上，这不是一段单纯而美丽的话语，而是迈向成功之路的指引。

曾听朋友讲过这样一个故事。那时的他刚大学毕业，在一家公司当个小职员。刚进去那会儿，他激情万丈，天天风风火火地想要在公司大展拳脚。可时间长了他才发现，上司派给他的都是一些琐碎的“杂活”，不费太多脑筋，也看不出什么成果，心不知不觉地冷了下来。一次，董事长开公司大会，他所在的部门彻夜准备文件，分配给他的工作是装订和封套。上司一再叮嘱：“一定要做好准备，别到时措手不及。”他对此不屑一顾，心想初中生也会的事，还用得着这样嘱咐？那天他先去外面吃了顿夜宵，又看了场电影后才摇晃着回来。看同事们忙忙碌碌，他不仅不帮忙，还从心里感觉到厌烦。等到凌晨一点，文件终于弄好了交到他手里，他开始一件件地装订，没想到只装订了十几份，只听到“喀”的一响，订书钉用完了。他漫不经心地抽开订书钉的纸盒，脑袋突然“嗡”的一声，纸盒里面一个订书钉也没有。这下他可慌了，文件必须在明早的大会前交给董事长秘书。他的上司见此情景向他咆哮：“你准备什么了？”

上司的确很着急，因为有几十份文件，如果不装订的话，以后的程序都无法进行。朋友当时感觉像被火烤了一样，他匆匆跑出去寻找订书钉。最后几经周折，凌晨四点他才在一家通宵营业的文具店把订书钉买了回来，终于在早晨八点之前，把整齐的文件交给了董事长秘书。没人知道他一夜没睡。事后，他灰头土脸地等着挨训，没想到总是板着脸的上司只是轻轻地说了一句："记住，以后要以十分的热情迎接三分的工作。"

朋友后来感慨，这是他一生最受用的话，即使他后来跳槽，再后来创办了自己的公司，这句话也一直让他受益匪浅。他说："用十分的热情迎接三分的工作并非浪费，而以三分的态度面对十分的工作，将带来不可逆转的恶果。对工作投入全部热情，你才能做好工作，否则你就如同废掉的电池，没有任何作用。"

那么，如何提高你在工作中的热情呢?

要全面了解你的工作以及你工作的原因和意义。许多人觉得自己只是依附在一个大的、没有人性的机器上的一个齿轮，因为他并不知道自己工作的重要性。同时，因为他对工作的倦怠，放弃学习更多知识的机会，所以眼界非常狭窄。有一个有意思的小故事，想必大家都听过：有两个人在做同样的工作，A懒散无力，B做得又快又好。一个人问A在干吗，A回答在堆砖头。他又转问B，B自豪地回答："我在建造世界上最漂亮的房子。"

其次，你要了解你在做什么，这样可以增加你对工作的热情。如果你只把自己当成一个老工人在做零件，已经做了几十年，未来还可能再做十几年，你可能没有热情。但是如果有人告诉你，神舟飞船上天用的就是你做的零件，相信你会振奋不已，对做零件会有更大的热情。所以说，我们对任何一件事知道得越多，就会对它产生越强烈的热忱。

第三，每天都要给自己加油，对自己说“YES”“你真棒”。

可以说，没有什么比自我承认更重要、更有用的了。热情不是浮躁，而是自内而外、真心实意的情感。因为喜欢，所以有热情，而自我欣赏、自我鼓励是提升热情的重要方法。魔术大师荷华·索士第常在他的化妆室里跳上跳下，一次又一次地大声喊道：“我爱我的观众！我要给他们最棒的表演！”直到他的血液沸腾起来，充满了热情，他才会走到舞台上，给观众一次充满活力和愉快的表演。总之要明白，你的热情必须先打动自己，才能打动别人。

你要告诉自己：“我爱我自己，爱我的工作，我要把自己燃烧在工作里，做出百分之百的努力！”在通往成功的道路上，胜利最终属于认为自己能行的人！要想获得成功，除了要有热情，还要有信心，要以十分的热情迎接三分的工作！

用心做事，才能见微知著

作为员工，我们一定要用心工作。用心做事，用负责、务实的精神去做好工作中的每一件事，关注工作中的每个细节，才能超越自我，才能比别人做得更好。

日本有家专门制造中高档汽车的公司，因其产品质量好，售后服务好，而且价格比同类产品要低廉，公司日益壮大，很快就吸引了一家知名汽车公司的注意，知名汽车公司想为这家公司提供汽车零件和一些附件。如果谈判成功，这家生产中高档汽车的公司将获得更大的知名度，而那家知名汽车公司将获得巨大的经济效益，双方对这次合作都充满了期待。

那家知名汽车公司暂且称为A公司，A公司为表示对此次谈判的重视，派去的是公司的总工程师田光中一。田光中一虽然只有三十几岁，却已经是蜚声国际的汽车专家。中高档汽车公司非常慎重地派出年轻有为、处世谨慎、稳重的总经理兼技术部部长森一。田光中一刚下飞机，就受到了热烈周到的欢迎。森一亲自带他到对方准备好的迎宾车上，送他去早已经准备好的酒店。森一注意到一个细节，就是田光中一关上车门时，车门“嘭”的一声像砸在车身上一样。森一心里一紧——该不会是自己有什么不周到的地方让这位汽车专家不满意吧。森一转念又一想，也可能是旅途的劳累让他心情不太好，自己以后得做得更好些。

接下来，森一亲自为田光中一服务，酒店的各种安排也很周到，田光中一也显得很开心。森一没敢松劲儿。第二天，按照董事长的吩咐，他要带着田光中一去公司。车刚一停在公司的停车坪上，森一就迅速下车，小跑着绕过车后，准备亲手为田光中一开车门。而田光中一却已经打开车门下车，这次又是“嘭”的一声，甚至比上次还要响。森一愣住了几秒又小跑着跟上去，礼遇有加。

在接下来的几天，森一带领田光中一游览东京的名胜古迹和繁华街景，参观公司的生产基地。田光中一显得兴致很高，可回到酒店的时候，他关上车门时又是重重的“嘭”的一声。这时森一终于忍不住，小心翼翼地说：“田光中一先生，是不是我们有什么地方让您感觉不太满意，请多多指教。”

田光中一困惑地回答：“为什么这样问呢，这两天我过得非常高兴。我真希望能和贵公司早日合作。”说这话的时候，田光中一也是满脸的真诚，而森一却显得若有所思。

终于，谈判的时间到了。接田光中一的车到了公司门口，下车后，又是重重的“嘭”的一声，森一终于咬了咬牙，把田光中一丢下，转身先跑去了董事长办公室。

“董事长，我有件事必须向您说明。我建议立即取消和这家公司的合作！”森一非常认真，平日说话言语温和的他这次态度极其坚定，“至少要推迟！”

董事长大惑不解：“为什么，都已经约定好了，这样做是失信啊！”

森一认真地说：“这两天我一直陪着田光中一，我发现了一个细节，那就是他每次关车门都会非常重，我问过他，也观察过，他当时并没有什么情绪上的问题。”森一顿了顿，继续说，“那只能说明他自己的车有问题。作为一家知名汽车公司的高层，他肯定是用公司最好的车。而连他的车都有问题——车门不好，用一段时间就合不拢，所以需要费力地关，一般的车辆就可想而知了……如果我们把订单给他们公司生产，也许知名度会上升，但可不一定是好名声，还是请董事长三思。”

一个关门的动作，可以说是微不足道，相信很多人看在眼里也不会放在心上。但恰恰是所有人都没注意到的问题，被森一观察到了，他做了细致的分析和调查，发现了这家公司可能存在的深层次问题（后来经过调查，那家公司果然因为质量不过关，接到好多投诉，名声一落千丈），为公司避免了可能遭受的重大损失。

作为员工，我们必须把森一当成榜样，一定要用心工作。用负责、务实的精神去做好工作中的每一件事，关注工作中的每个细节，超越自我，才能比别人做得更好。

第三章

要有好方法，先有好态度

坚韧不拔，一定成功

有了坚韧不拔的品质，你就会像岩石一样巍然屹立，任它狂风暴雨还是糖衣炮弹，你都能挺住。而“坚忍”，就是不管受到什么委屈、痛苦，都默默地忍下来，就像一只蚌，把苦难当成养分，最终磨炼出耀眼的珍珠。

坚定的意志和强烈的欲望永远是成功的不二法则，虽屡遭挫折，却有一颗坚强的百折不挠的心，这就是成功的秘密。中国最古老的智慧之书《周易》中写道：“天行健，君子以自强不息。”就是说，天道运行强健不息，君子也应该积极奋发向上，永不停息才对。

一个真正想做一番事业的人，不应被困难所吓倒，也不该因为一时的成败而骄傲或者沮丧。很多时候，真正把你绊倒的不是挫折，而是你自己的心态。一个人如果把挫折无限放大，把自己的能力无限缩小，那就很可能在困难面前还没交手就败下阵来。

一个年轻人曾经问一个智者，如何才能取得成功。智者掏出一粒花生问道：“它有什么特点？”年轻人愕然。“用力捏捏它。”智者说。年轻人用力一捏，被他捏碎的是花生壳，却留下了花生仁。“再搓搓它。”智者说。年轻人照着他的话做，结果，花生的红色种皮也被年轻人搓掉了，只留下白白的果实。“再用手捏它。”智者说。年轻人用力捏着，但是他却无法再将它捏坏。“用手搓搓看。”智者说。当然，什么也搓不下来。“虽屡遭挫折，却有一颗坚强的百折不挠的心，这就是成功的秘密。”智者说。

丘吉尔是一位伟大的首相，他一生中做过无数次演讲。在很多人看来，丘吉尔一生最精彩的演讲是他最后的一次演讲。当时是在剑桥大学的一次毕业典礼上，整个会场有上万名学生，大家都在等候丘吉尔的出现。这时，丘吉尔在众人的陪同下走进了会场。他慢慢地走向讲台，脱下他的大衣交给随从，然后又摘下了帽子，默默地注视着所有的听众。过了一分钟后，丘吉尔说了一句话：“Never give up！”（永不放弃）说完这句话，丘吉尔就穿上大衣，戴上帽子离开了会场。当时，整个会场鸦雀无声。几十秒后，会场内掌声雷动。

这是一次多么经典而又令人震撼的演讲。永不放弃！这句简短的话却有着深刻的含义。

约翰·库缇斯是世界上公认的超级激励大师。他天生残疾，身患癌症，受尽了歧视和折磨，但他取得了板球、橄榄球教练证书，他能开车，能游泳、潜水，能溜滑板，能打乒乓球、打网球。他告诉我们：“100次摔倒，可以101次站起来；1000次摔倒，可以1001次站起来。摔倒多少次没有关系，关键是最后你有没有站起来。”

人生总会有大大小小的门槛，除了坚韧不拔的意志外，没什么可以帮助我们。在黑暗里，我们很容易消极悲观。成功是大多数人梦寐以求的，大多数人都期盼成功的到来，但是，到达成功的巅峰的人为什么那么少呢？很简单，因为那些经受不起挫折和压力的人放弃了，他们在黑暗中放弃了前行，而在光明到来的时候，发现离成功只有一步之遥，后悔终生。

有一个朋友是一家公司的中层，最初的时候，老板非常赏识他，但过了一段时间，老板就开始对他冷言冷语。朋友也不好意思直接问，他根本不知道自己到底做错了什么。于是他只好默默地、毫无怨言地继续踏实工作着，整整一年，老板没正视过他，也不给他分配重要的工作。但是，他仍然一如继往地努力。就这样过了一年，老板终于又重用他了，还给他加了薪。有些同事开他的玩笑，恭喜他把冷板凳坐热了。朋友说："当你真的坐上了冷板凳，不要怕，只要你有耐心，冷板凳也可以变成热的。"

坚韧不拔的意志，就是指坚定，能够专注地坚守目标，专心致志，努力不懈，变成你想成为的人，做成你想做的事。有了坚韧不拔的品质，你就会像岩石一样巍然屹立，任它狂风暴雨还是糖衣炮弹，你都能挺住。而"坚忍"，就是不管受到什么委屈、痛苦，都默默地忍下来，就像一只蚌，把苦难当成养分，磨炼出耀眼的珍珠。

托尔斯泰说："当有困难来访的时候，有些人跟着一飞冲天，也有些人因之倒地不起。"坚韧是生命的脊梁，支撑着那些不惧艰难困苦的人一飞冲天。

拥有积极心态，才能高效工作

消极的心态就像癌细胞，它会不断地扩散，最终毁掉你自己。假如你是消极的人，无心恋战，无所事事，还有谁能帮助你积极起来呢？所谓积极的心态，就是多发现事情光明的一面，为自己的目标不断进取，勇往直前，即使跌倒，也会马上爬起来笑着前进，最终到达成功的彼岸。

积极的心态就像活水，能源源不断地流向成功和希望。而消极的心态就像一潭死水，即使成功近在咫尺，在消极者的眼里也是遥不可及。一位成功人士说过：“人活的就是那股精神劲儿。”那股精神劲儿说的就是积极的心态。毫无疑问，积极让人奋发图强，力争上游，一个不想当元帅的兵，一辈子都是兵卒。只有具有积极的心态，才会有一种一夫当关、万夫莫开的气势，才会有一种锐意进取、不达目的誓不罢休的精神。用勇气面对所有的困难，就没有解决不了的难题，没有做不成的事情。仔细观察、比较一下成功者与失败者的心态，我们就会发现“一念之差”导致的惊人不同。

有这样一个广为流传的故事。两个推销员来到非洲一个部落推销鞋子。到了那里，两人都大吃一惊，原来这个部落的居民居然不穿鞋子。这时，一个推销员立刻沮丧万分，带着一大批鞋子打道回府，报告给老板："这里完全没有市场。"而另一个推销员则笑逐颜开，因为他想："这些人都没有鞋子穿，如果开拓下来，不知是一个多大的市场呢。"于是，他开始筹划卖鞋子。因为还没有人穿过鞋子，所以部落居民刚开始时都处在观望之中。一个月过去了，这个推销员还是没卖出去一双鞋子，但是这个乐观积极的推销员一点儿都没丧气，他想出了一个好办法，那就是送给当地部落的酋长和他的家属们几双鞋子。穿鞋子自然要比不穿鞋子舒服，这些岛上的"高层领导"再也舍不得脱掉鞋子，这才是名副其实的"名人广告"，结果，岛上买鞋的人立刻多了。一时间，这个推销员的鞋子供不应求。

这就是一念之差而导致的天壤之别。同样是非洲市场，同样面对打赤脚的非洲人，由于一念之差，一个人灰心失望，不战而败；而另一个人则信心满怀，大获全胜。

永远记住，积极的心态会化不可能为可能，而消极的心态会让可能变成不可能。

某个公司宣传部门的失误，给公司造成了重大损失，愤怒的董事长决定裁掉其中责任最严重的一个部门，李欣欣正是这个部门的一个普通员工。

裁员的消息很早就从"小道"传出来了。不久，这个部门几乎所有员工的心思都散了，工作态度也消极了许多。干活的大多数不是利用手中的一点儿便利，能捞便捞，就是和别的公司联系，准备跳槽。还有的人托朋友帮忙找关系，看看能否转到这个公司的其他部门。只有李欣欣是个例外。她每天正常上下班，笑眯眯地认真工作，仿佛裁员不关她的事。有的同事是她的好朋友，劝告这个小姑娘不要死脑筋，免得在一棵树上吊死，让自己吃亏，李欣欣又是莞尔一笑："我喜欢这份工作，我是在学习，我感觉自己一点儿也不会吃亏啊！"

李欣欣的言行被一位人事主管看在眼里、记在心里，他深深地被李欣欣这种积极的心态所打动。后来，该部门解散了，其他人四散而去，而李欣欣则被调到了另一个部门继续工作，她积极的心态、踏实的作风很快帮她得到了部门经理的职位。

想要改变失败的命运，就要改变消极的心态。卡耐基曾讲过一个故事，相信对我们每个人都有启发。

一位夫人陪着从军的丈夫驻扎在沙漠陆军基地。在很长一段时间里，这位夫人都郁郁寡欢，沙漠实在是太热太难熬了！在仙人掌的阴影下也能达到52摄氏度。而比炎热更可怕的是孤独，丈夫经常去沙漠里面演练，只把她一个人留在铁皮房子里。她整天面对的都是那些不懂英语的墨西哥人和印第安人，实在是饱受煎熬。于是，她给父亲写了封信，倾诉内心的苦闷。

她父亲的回信只有两行字，这两行字却永远留在了她的心中，完全改变了她的生活：

两个人从牢中的铁窗望出去，一个看到泥土，一个却看到星星。

夫人再读这封信，觉得非常惭愧。她决定要在沙漠中找到星星。

她开始和当地人交朋友，他们的反应使她非常惊奇，这些人心灵手巧而且淳朴，能做出漂亮的纺织品和陶器，有些连卖都舍不得却送给了这位夫人。而夫人教他们英语，送给他们药品，大家相处得非常融洽。她在沙漠观看日落，在家里栽种仙人掌……原来难以忍受的环境变成了令她兴奋、流连忘返的奇景。

是什么使这位女士有了这么大的转变呢？沙漠没有改变，印第安人也没有改变，但是这位女士消极的心态却变成了积极的心态，她开始学会发现沙漠这个新世界的美妙，后来她还根据这段生活写了一本书。

积极的心态能让人走出牢房，看到希望。事实上，所有的牢房都是自己给自己设置的，那个狱卒就叫消极。

消极的心态就像癌细胞，它会不断地扩散，最终毁掉你自己。假如你是消极的人，无心工作，整天百无聊赖，还有谁能帮助你积极起来呢？所谓积极的心态，就是多发现事情光明的一面，为自己的目标不断进取，勇往直前，即使跌倒，也会马上爬起来笑着前进，最终到达成功的彼岸。

你是选择消极，还是积极呢？

要有高效率，首先要服从

对一个团队或一个公司来说，一旦制度和战略已经制定好，就要认真执行，任何人都不能例外，必须百分之百地服从，一切以公司的利益为重。当一个企业的执行力下降，它的效率也会降低，一个效率低的企业在当今激烈的竞争中连生存都不会太久，就更别提发展了。

执行力非常重要，梦想再美好，前景再诱人，如果你只是幻想等待而不行动，那也是镜花水月。在企业里，一个受欢迎的人，必定是一个主动服从，而且执行力强的人。

所谓执行，就是要无条件地遵从上级的命令，不要以为你自己什么都是对的，上级让你去做某件事，自然有他的理由。执行不要陈述过多的个人主见，找很多的借口，最可恨的是到最后，事情可能还办不成。记住，你们是一个团队，商场如战场，上司就是你的将军，你要无条件地服从上司的命令。

一个企业，如果要高效率地运转，必须有良好的执行力和服从理念。对于上司已经决定了的事情，理解了就要服从，不理解就先服从再学着理解，不要在关键时刻耍小聪明，按照自己认为正确的方法完成任务。在命令面前，千万别自以为是，因为每个领导都有他的过人之处，让你做每件事也都有自己的打算。你要相信上司，学会换位思考。要知道，领导是从大局出发，而你只是盯着手上的工作或者眼前的部门。作为一个优秀的员工，最首要的任务就是最快最好地把公司规定的职责执行到位，以此为大前提，再去做别的事情。

能完美地执行任务，本身就是在让公司更好地运转，并且也提高了效率，节省了成本。所以说，一个高效的企业必然有良好的服从理念，一个优秀的员工也必须有服从意识。没有服从就没有一切。你要记住，你是来帮助上司完成任务的，而不是来这里决策的。所以，你必须全心全意地执行上司的命令。

有的员工因为一些利益没有得到满足，比如工资比别人拿得少，奖金也不如别人高，或者房子没分到，领导某次当着众人的面毫不留情地指责了自己，没评上职称等，一些抵触情绪就来了，开始和领导对着干。虽然不敢明目张胆，但在那里使“小绊子”，让领导也出点糗。事实上，这是非常愚蠢的做法，不仅于事无补，还证明了你的心胸狭隘，而且在领导那里留下了坏印象。只要你还在这个公司工作，人家就是你的上司，上司对你不满意是一件可怕的事。所以，别因为一点小事就剑拔弩张，不顾后果，更不能让私人的情绪影响自己的执行力。

服从第一的理念应该渗透到每个员工的思想里。对一个团队或一个公司来说，一旦制度和战略已经制定好，任何人都不能例外，必须百分之百地服从，一切以公司的利益为重。当一个企业的执行力下降，它的效率也会降低，一个效率低的企业在当今激烈的竞争中连生存都不会太久，就更别提发展了。

要做到更好地服从，不仅要对企业的价值理念、运行模式等有一定的认识，还要清楚自己与组织权限的范围。一些表现出色的员工以为个人地位高过公司，可以随心所欲地处理问题，而不必听从上级领导的指派，这对公司的整体发展无疑是不利的。

“令行禁止”的企业才有高效率，才有竞争力。不管到什么时候，都要记住，集体利益是最重要的，我们必须学会维护集体的利益，坚决地去执行。

勇于承担责任，赢得信任票

在工作中，自己的事情出了问题，首先要从自己身上好好检讨一下，不要找借口，不要把错误扣在别人头上，不许逃避，应对自己负责，对别人负责。记住，这是你的人生！记住，这是你的工作！记住，这是你的责任！

每个人都有自己所应该承担的责任。责任无处不在，无时不有，无论是在家庭里、工作中，还是在社会上，活着你就有自己的位置和角色，每个人都必须承担自己的责任。你做的每件事都对自己和别人有影响，你要对这件事负责，这取决于你的思想态度，也就是责任感。

在职场上，选择去哪家公司上班是你自己决定的，既然做出了决定就要对其负责。你领着公司的薪水福利并享受着成就感，就要承担起公司的命运，无论工作带给你多少的辛苦、压力、挫折和麻烦。对这个岗位负责，也就是对你自己负责，对这个公司负责。所谓在其位谋其政，也就是这个道理。责任让我们表现得更加卓越，任何一个领导都愿意把重担给一个有担当有责任感的人。

刘伟和张立是一家大企业在数千名应聘者里精心挑选的人

才，他们学历高，素质好。初入公司的他们被分为工作搭档，两人齐心协力，工作做得一直不错。领导对他们都很欣赏，私下里经常说要提拔这两个小伙子，但是后来发生的一件事却改变了他们的命运。

那次，他们俩去一家公司拜访客户，在等待的时候，性格比较开朗的张立拽着刘伟看沙发旁边的青瓷瓶，结果刘伟一不小心，把青瓷瓶推倒了。客户进来的时候，脸就阴沉下来了，接下来的事情可想而之。

回来后，老板大发雷霆。“这不是我的错，是张立不小心弄坏的。”刘伟趁着张立不注意，偷偷来到办公室对领导说。他非常自信——当时并没有人看见。领导平静地说：“我知道了。”随后，领导把张立叫到了办公室。“张立，到底怎么回事？”张立就把事情的原委告诉了领导，最后张立说：“这件事情是我们的失职，我愿意承担和刘伟同样的责任。”

张立和刘伟回去等待处理的结果。领导再次把他们喊到办公室的时候说：“其实客户在门后看到了你们推倒青瓷瓶的那一幕了，而且清清楚楚，他告诉了我真相。因为你们一直表现得非常优秀，我本来打算就罚你们点钱赔客户算了，客户没了咱们可以再培养。但是刘伟，你的行为改变了这个处理决定，从明天起，你不用再来上班了。张立，你留下来继续工作，用你的薪水来偿还客户的损失。”

对绝大多数人来说，承认错误并对之负责是让人恐惧的一件事。因为承认错误和承担责任往往会和不再信任、留下坏印象挂钩。人们都喜欢为运行良好的事情负责，不愿意为出错的事情负责。但是，当你轻而易举地选择推卸责任的时候，你已经有了做错的念头。你会随遇而安，你会懒散，会消极——反正我也不对其负责。但假如在每一次工作降临到你头上的时候，你的第一反应就是“这是我挑战自己的开始”，那么你就会以最高度的责任感去把它做到极致，为自己加油，也让领导刮目相看，为你投欣赏票和信任票。

但是，有些不负责任的员工在出现问题时，第一个念头就是如何推卸责任，让谁去当替罪羊。比如，工作业绩不理想，那么一定是领导无方，同事不上进不配合；领导不喜欢你，一定是他有眼无珠，不是伯乐；销售任务没有完成，一定是客户挑剔，胡搅蛮缠……

事实上，你有没有想过那些管理者会怎么想？在他们眼里，这都是你不敢承担责任的借口。这是懦弱的表现，是得不偿失。这些理由不会减轻你的责任，只会降低他们对你的评价。负责，不仅意味着敢于承认个人的错误，而且意味着在出现错误时能勇敢承担，犯错就是犯错，不要讲“我以为，我认为……”为自己辩解，而要说“我错了”。

事实上，领导是否信任你，就取决于你是否能承担责任，领导会为那些能承担责任的人创造更多的条件。责任是一种认真负责的态度，而不是别人强加给你的负担。西点军校有句名言：“没有责任感的军官不是合格的军官，没有责任感的员工不是优秀的员工，没有责任感的公民不是好公民。”

世界传媒大亨艾伦·纽哈斯说：“你得分析失败的原因，而且要承担责任。”

他讲了他年轻时一个关于责任感的故事。当时他们学校要竞选学生会主席，竞选人之一的波特是他的好朋友。当时，艾伦·纽哈斯在学校掌管着唯一的学生媒体校报，他绞尽脑汁想做点什么。他把当时胜算最大的一名同学西装革履、一脸呆板的照片和波特身穿运动衫、有活力又有亲和力的照片放在同一版面，而且发表了许多有利于波特的文章。

后来，他又在竞选那天在墙上偷偷写上许多攻击波特的标语，诬陷那个竞选成功概率最大的同学。波特终于取得了竞选的胜利。

训导主任找到了艾伦·纽哈斯，对他说了这样一番话："你掌握了校园里唯一的声音，但是这声音本来是要为所有学生服务的。用手里的权力为自己的朋友服务，是你的失职。"

艾伦·纽哈斯说，直到高中和大学，他都对此深感内疚。他错了，错在不负责任。为此，他领导的销量居美国前列的《今日美国》报从来都不报道没经确认的信息，从不在总统大选中支持任何一位候选人。

不负责任比推卸责任更可怕。自己的事情出了问题，首先要从自己身上好好检讨一下，不要找借口，不要把错误扣在别人头上，不许逃避，应对自己负责，对别人负责。记住，这是你的人生！记住，这是你的工作！记住，这是你的责任！

工作中没有小事

细节可以决定人生成败。一个人能否取得成功，关键在于他是否做什么事都力求做到最好，其中就包括那些看起来非常平凡的小事。因此，在工作中，哪怕某件事情看起来微不足道，你也要认认真真地把它做好。

在工作中没有小事，无论你做什么工作，无论在什么岗位上，都要对每件工作认真细心。要知道，所有的成功者，他们都和我们一样做着看似很小的事，不同的是，他们把小事当成大事来做，一分工作投入十分精力。

中国海尔集团CEO张瑞敏曾经说过："所有的产品都应该是精品，有缺陷的产品等于是废品。"海尔的员工深知，1%的差错造成的是100%的问题，也正是海尔这种高度负责的精神，创造了海尔产品"零缺陷"的神话。

不管是生活还是工作，大事都是由小事积累起来的，你可以把事情分出轻重缓急，却不能因此而忽略那些看似不起眼的小问题。做一件事情就把它做好，没有小事的累积，就做不成大事。那些无关紧要的小事不仅可以培养你一丝不苟的品德，还能磨炼你的意志和耐力，否则，小事可能就是一个炸弹，一个细节出了错误，就会前功尽弃，满盘皆输。

很多事情的失败，究其原因，都是细节出的问题。比如中国的古语：千里之堤，溃于蚁穴。比如西方的一个典故：失了一根铁钉，丢了一个马蹄铁；丢了一个马蹄铁，折了一匹战马；折了一匹战马，损了一位将军；损了一位将军，输了一场战争；输了一场战争，亡了一个国家。

一个国家的灭亡，居然是因为一位能征善战的将军的战马的一个马蹄铁上的一根小小的铁钉丢掉了。正所谓小洞不补，大洞吃苦，每次一点点的小变化，最终可能会酿成一场灾难。

我们都知道美国“哥伦比亚号”航天飞机的失事。事后的调查结果表明，造成这一灾难的“真凶”竟是一块脱落的隔热瓦。事实上，引起重大灾难的通常不是一个大问题，而是一个小细节。或者不如这样说，世界上根本没有小事，每件事我们都要认真对待。

在第二次世界大战期间，美国空军发现一个问题，那就是因为各种原因跳伞后，降落伞可能会出现故障，带着出现故障的降落伞跳伞的士兵很少能生还。因此，美国空军严令降落伞制造商必须提高安全性能。经过制造商的努力，降落伞的合格率已经达到了百分之九十九点九。这是一个很高的安全数字，但是军方并不满意，他们要求必须达到百分之百，因为即使是百分之九十九点九，在一千名伞兵中还会有一个因为降落伞的质量问题而丢掉性命——军人不在战场上保家卫国而死，却死在不合格的产品上，这让美国军方难以接受。但是制造商认为，绝对的完美是不存在的，要达到百分之百是不可能的。

军方和制造商出现了分歧，交涉失败。军方想出一个办法，那就是从刚交货的降落伞中随便拿一个，让厂商负责人穿上，亲自从飞机上往下跳——凭什么那些士兵就该承担你们的责任？这时厂商才意识到百分之百合格的重要性。奇迹出现了，原来一直解决不了的问题彻底解决了，降落伞的合格率达到了百分之百。

工作就是工作，就应该一丝不苟。对每一个细节负责，应该是每个员工、每家公司的承诺。小事办不好，大事就办不了，这是缺乏责任心的表现，这会造成工作中严重的失误或者事故。在工作中，没有任何一件事情，小到可以被抛弃；没有任何一个细节，细到应该被忽略。不要因为被委派去做小事而浑浑噩噩，消极怠工，而应是积极地安心工作，把做小事作为一种锻炼，作为去了解工作流程、公司情况、业务内容的方法。用小事来增加自己的判断力、思考力和忍耐力。用那些小事来为自己的未来铺路，为自己累积信用和希望。

汤姆·布兰德，最初只是美国福特汽车公司的一个杂工，几年后，就成了福特公司最年轻的总领班。真不简单，他做了什么惊天动地的大事吗？没有。那他是怎么升上去的？就是做别人眼里平凡无奇的小事。

汤姆是从最基层的杂工开始做起的。杂工没有固定的工作场所，也不属于正式工人，哪里有工作，就要到哪里去。但即使是做这么不起眼的工作，汤姆也毫不悲观，他每天都非常积极和乐观。他告诉自己，要想在汽车这个行业做出名堂，必须对汽车的全部制造过程都有深入的了解。

汤姆在做了一年半杂工后，由于工作认真负责，被调到汽车椅垫部工作。很快，他就把制作椅垫的手艺学会了。后来他又被调到点焊部、车身部、喷漆部、车床部去工作。在不到五年的时间里，他几乎把这个厂的各部门工作都做过了。最后，汤姆决定申请到装配线上去工作。众人都很不理解，他的父亲问儿子："你都工作五年了，还是做这些焊接类的小事，你怎么不为未来打算打算呢？"

"爸爸，我正是在为未来打算，我不要当小工头，我必须学会所有的细节！我学的不是刷漆，而是能制造一整辆汽车。"

工作流程刚完成一遍，汤姆就因为平日里完美的工作表现升职为领班，并且逐步成为15位领班的总领班。

有这样一个说法，每个人都要经过一段"蘑菇时期"，无论是做什么工作，在哪个领域，你都会被放置在阴暗的角落（不受重视），时常有大粪临头（无端的批评、指责、代人受过），处于自生自灭的状态（得不到必要的指导和提携）。这时候，有的人就开始自卑，开始自暴自弃，为这些琐碎的小事心烦意乱。但是，不如把它当成一个必经的阶段，在你经手的每件琐事中慢慢成长，长成人们无法忽视、无法企及的坚强大树。

细节可以决定人生的成败。一个人能否取得成功，关键在于他是否做什么事都力求做到最好，其中就包括那些看起来非常平凡的小事。因此，在工作中，哪怕某件事情看起来微不足道，你也要认认真真地把它做好。能做到最好，就不做到次好，能完成100%，就绝不只做99%。你应该确信，工作中无小事，要想把每一件事都做到无懈可击，就必须从小事做起。企业里那些最优秀的员工，往往都是重视小事、把小事也做到最好的员工。

小岗位可以有大成功

《邮差弗雷德》的故事告诉我们，只要用心去体会，充分发挥自己的想象力和创造力，一定可以在平凡的岗位上创造出非凡的价值。只有这样，自己才能快速成长，公司才能快速进步，在激烈的市场竞争中立于不败之地。

在美国，《邮差弗雷德》一书是许多行业员工的必备手册，而弗雷德也是美国家喻户晓的人物。《邮差弗雷德》的封面上是一句广告语：一个邮差的故事改变了两亿美国人的观念。到底弗雷德是一个什么样的人，他到底做出了什么杰出的贡献，让一向骄傲的美国人这样口口传颂呢?

弗雷德只是一位每天穿梭于社区的普普通通的邮差，他每天的工作简单、单调，让人怎么也不能把他和“杰出”这个词联系在一起。但就是这位名叫弗雷德的邮差，用行为改变了人们对邮差工作的看法，也改变了许多人对自己的工作、对自己的认识。许多年来，弗雷德的故事在美国家喻户晓，各行各业的人都从弗雷德那里得到了启示。无论是全球最棒的大公司，还是一些正在成长的小企业，邮差弗雷德已经成为一种敬业精神，一种创新服务和增值服务的代名词。企业设立了一个奖项，专门鼓励那些在创新、服务和尽责上具有同样精神的员工，这个奖项的名字就叫作“弗雷德奖”。

那么，弗雷德到底是一个怎样的邮差呢？他是如何得到大家的赞同和认可的呢？看起来非常简单，据弗雷德说，每次有新的业主搬到他管辖的地区，他都会主动上门，热情而礼貌地自我介绍：“先生，您好，我叫弗雷德，是这里的邮差，欢迎您搬到这个地区。我来到这里，介绍一下我自己，同时也希望能了解一下您，比如您的爱好，您所从事的职业。”

弗雷德其貌不扬，蓄着一撮小胡子，但是他的真诚和热情却溢于言表，每一个业主都是这样开始接受弗雷德的服务的。当他得知用户的职业和兴趣之后，就会提出特别为他们“量身定做”的邮政服务内容。而且还有一个细节，弗雷德会利用休息的时间拉近和业主的距离，会根据业主的作息时间和习惯对信件和包裹进行保管和投递。这让弗雷德广受欢迎，许多业主如果连续几天没有看到弗雷德都会询问：“那个热心的年轻人去哪了？”而弗雷德所接受的订阅报纸杂志等的数量也是最多的。

弗雷德，一个小小的邮差，他有的只是一只布口袋，一套蓝色的工作服，仅此而已。他走街串巷地给人送信，这么一项简单甚至枯燥的工作，却被充满着想象力、创造力和亲和力的弗雷德做得如此优秀。也正是这种品质，帮助弗雷德走向了成功。

在工作中，无论是管理者还是被管理者，都为如何提高创新意识和增值服务而苦恼不已，但是大家都找不到一个恰当的方法来解决这些问题，到底该如何激发自己和身边同事的想象力和创造力呢？在这个关节卡住，就会严重地影响员工、企业的追求和进步。其实，每个人每天都在改变着世界，都在对外界产生着影响，邮差弗雷德似乎决心为所有的客户提供最优质的服务。而我们呢？我们做了什么事来改善我们的工作？我们有没有绞尽脑汁地去想如何能把工作做得更好，甚至，如何能让工作达到完美呢？

不要抱怨领导有眼无珠，让你屈居小岗位不能发挥实力。请看下邮差弗雷德，岗位够小吧，但是人家却做得如此成功。他在做一点一滴的日常小事中昭示了一个道理：在平凡的岗位上一样能追求卓越，明白了这一点，你就能实现从平凡到杰出的跨越。弗雷德和他的工作方式，对于21世纪任何想有所成就、脱颖而出的人来说，都是一个最适用的象征。

无论你身处一个多么庞大的机构里，只要你能努力奋进，发挥想象力和创造力，你永远都能有一番作为。上司可能为你设置障碍，可能对你不充分地赏识和鼓励，甚至对你的功劳视而不见，但是，请不要气馁，你要把这当成是上司对你的培训和锻炼，是你走向更高岗位的垫脚石。

想一想，同事看你是喜悦的还是愁苦的？顾客看你是快乐的还是厌烦的？你是帮助自己的公司向它的目标前进还是在扯它的后腿？你的工作表现是庸庸碌碌，还是出类拔萃？你是帮助别人解决了麻烦还是制造了累赘？在每一天结束的时候，都要这样问自己：“你做了什么有意义的事？”在这个世界上，没有不重要的工作，只有看不起自己工作的人。

弗雷德做的工作非常平凡，但是他却让自己、让别人收获了无限的快乐。他用自己的乐观给每一天的工作都注入了新的内容。很多时候，只要举手之劳，一切就会与众不同。谁说我们做的工作是微小的？也许我们的工作不是什么惊天动地的改变，但成千上万的这些“小工作”积累起来，对世界就是一个深刻的大影响，而你，正是引起这种大影响的一分子。举个例子：制造一个小零件是平凡的工作，但“神舟”飞船上天用的就是这些小零件。天上飞的飞机，地上跑的汽车，海里的轮船，用的都是小零件，我们能把小零件做到最好，就是我们的卓越。

邮差弗雷德的故事在美国广为传颂，它改变了许多人对待工作和生活的态度，它帮助许多渴望发展的企业找到了提升员工信念的方法，它帮助许多在平凡岗位上工作的人提高了信心。

弗雷德是一个模范，他凭借着想象、创新和负责的精神，创立了小岗位上的大成就。《邮差弗雷德》的故事告诉我们，只要用心去体会，充分发挥自己的想象力和创造力，一定可以在平凡的岗位上创造出非凡的价值。只有这样，自己才能快速成长，公司才能快速进步，在激烈的市场竞争中立于不败之地。

好员工懂得化压力为动力

压力，让人的思想受到冲击，想得更加全面，能够自己为人生掌舵。缺乏压力，就会沉沦于懒惰，而不知挑战人生的意义和快乐。那些优秀的员工，从不害怕压力，而是更喜欢挑战压力。因为他们知道，这些压力终将会成为自己脚下的泥土，帮自己站得更高。

这是一个竞争的社会，你想获得更多，就要付出更多。一个人要想成功，就必须经受压力的考验。而无论是面对成功还是遭遇失败，压力都会随之而来。在现实生活中，谁也摆脱不了压力，但是，要想有一番作为，必须能把这种压力转化为前进的动力，做一只弹力球，摔得越狠，跳得越高。

李刚是一个优秀的部门主管，公司刚接过一个价值一百多万元的项目，这个项目从一一筛选客户到拜访客户，请客户吃饭，建立关系，都是他辛辛苦苦负责的。可最后，公司却把这个项目交给了别人，后来的签合同、品牌推广、丰厚的佣金都给了那个人。眼看着煮熟的鸭子飞了，李刚心里当然非常委屈，他去找老板问明原因，老板说：“你没有主持过这么大的项目，公司对你的实力还没有很深入的了解，怎么可能把它交给你呢？除非你能再谈成一个单子。”不说这话还好，一说这话，李刚更委屈了，一种不被人信任的感觉油然而生。李刚感觉压力非常大，但是一种迫切想要证明自己的意愿也因此产生。李刚每天都加班到很晚，把客户当成上帝，孜孜不倦地争取着、努力着。终于，第二笔过百万的单子客户也同意签约。老板告诉李刚，这个项目将完全由他负责，同时到来的好消息还有李刚将升职为经理。原来，老板只是想看看李刚承受压力的能力有多强，如果遇到一点挫折就一蹶不振，那么让他承担重大任务只能把他压垮。李刚没有让他失望，化压力为动力，把工作做得更加优秀。

压力让人思考、让人奋进、让人更快地成熟起来。世界上没有一个成功是唾手可得的，没有一个成就大事的人不是经过千锤百炼的。上天把重担压在每个人的肩上，有的人被压垮了，所以一事无成；有的人顶着压力站起来了，他们的名字就叫作成功者。

赖斯，美国前国务卿，曾是世界上最有权力的女人之一，是美国前总统小布什最信任的“武士公主”。她小时候曾经生活在种族歧视非常严重的地区，她比谁都明白作为一个黑人所承受的压力。一次，小赖斯去参观白宫，却因为黑人的身份被拒之门外。当时，小赖斯就发下誓言：总有一天，我会当这座房子的主人。小赖斯就是背负着种族的压力努力奋进，终于实现了她的誓言。

很多奇迹都是在挫折中出现的，而许多事在顺利的情况下却做不成，就像一句老话说的那样，“井无压力不出油，人无压力不成事”。一朵温室里没受过一点挫折的花必然不如一棵经历了风霜雨雪的野草生命力强。在受挫折后，在经受悲痛的

“浸染”后，事情却可能做得更完美、更理想。压力是一种神奇的力量，人们最出色的工作往往是在处于逆境的情况下完成的，挫折和痛苦可能是最好的动力。

在工作中也是，一个从底层工作就开始摸爬滚打，经受各种挫折和压力，却还能越挫越勇的人，他一定站得比别人更稳，也更加懂得如何利用压力促动前进。世界著名的传媒大亨艾伦·纽哈斯说过：“在三十岁之前，一定要接受一次大的挫折。这对你的人生有极大的好处。”

压力，能让人的思想受到冲击，想得更加全面，能够为自己的人生掌舵。缺乏压力，就会沉沦于懒惰，而不知挑战人生的意义和快乐。那些优秀的员工，从不害怕压力，而是更喜欢挑战压力。因为他们知道，这些压力终将会成为自己脚下的泥土，帮自己站得更高。压力，让人明白，该做的必须做好，不该做的一定不做。该失去的不要小气，即使忍痛割爱也要顾全大局，得到也不要庆幸。总之，压力能够让人更加从容、更加成熟地处理问题。

畏惧困难比困难本身更可怕

在工作和生活中，很多人经常犯这样的错误：还没有真正与问题接触，就将困难无端放大，以至很快心生恐惧，想要逃避，最终将自己打败。实际上，绝大多数问题都能被很好地解决。

无论有多少阻碍和困难横在你选择的道路上，你都不要退缩，不要畏惧，而要勇敢坚强，要积极面对，用智慧来解决问题。鲁迅说过："踏上人生的旅途吧。前途很远，也很暗。然而不要怕，不怕的人面前才有路。"害怕问题是人类最原始的共性，但可以通过磨炼和面对来克服这种软弱的心理。在工作中，每个人都有可能遇到这种情况：一个倒霉的突发事件，一个看似绝境的格局，无法逾越的陡峭高山，这些困难横亘在我们面前，遮住我们的心智，打击我们的斗志，唤起我们的恐惧——要克服这个困难，那是不可能的。

没有人喜欢失败和困难，有人选择逃避、退缩或者推卸责任，事实上，最可怕的不是你克服不了这个困难，而是你害怕了，你选择了不战自退。这已经不是你和困难之间的战争，而是你和你自己的战争。如对失败的无法忍受，对可能遇到挫折的逃避等，因为畏惧问题，所以很难找到解决问题的良方，这样我们的畏惧就会变成是正常而合理的，我们也会被问题击倒；相反，如果你能勇敢地面对问题，问题就已经解决了一半。

有这样一个朋友的求职经历可能会给大家带来启发。

她在房地产公司做了六年后，决定跳槽做商贸。辞职回来的路上恰好赶上一个大集团在招兵买马，她立刻赶去应聘。在出租车上，她写了一份简历。在等待填表的时间里，她问人事部主任这次招聘的最高职位是什么。主任说是总经理助理。这位朋友莞尔一笑：“那我就应聘这个职位。”人事部主任客气地回答：“小姐，不好意思，我们这个职位不招聘女性，您看一下人事主管如何？”这位朋友坚定地说自己就要应聘这个职位。人事部主任更加客气地说：“这个职位不但要求是男性，而且必须是硕士以上学历。”朋友据理力争：“我本科毕业，有经济管理双学位，难道比不上硕士文凭？”人事部主任被她的不屈不挠打动了，最后接受了她的职位应聘表格。

她终于领到了应聘的“资格证”，问题又出现了。

面试的是公司的副总，副总看到本来该招男性的岗位上出现了女应聘者，先是吃了一惊，后来扫了一下这位朋友的表格，直截了当地说：“恕我直言，小姐，我们这个岗位只招男性，而且是一个有着很强能力、丰富经验的市场运作高手。我们招收的人是能立刻为老板分忧解难的人。您在年龄、阅历和经验上可能都差一点。您可以考虑其他的职位。”这位朋友也是个倔脾气，她头一昂，条理清晰地回答：“首先，我不是一个初出茅庐的小女孩，我是一个二十九岁有着丰富的工作经验的成熟女性，我努力、勤奋，关注商贸历史的现状和运作模式以及发展趋势。我来应聘这个职位，是要提升自己的社会层面，原来的公司给不了我这样的前景，所以我才辞职。”

副总打量了她一会儿，终于开始提问，她按照自己的理解侃侃而谈。副总没做任何表态，只是告诉她等通知。

一个星期以后，她在逛街的时候接到了那家公司的电话，通知她接受最后一轮面试。

当时，她穿着极度休闲的T恤和牛仔裤，吃着冰淇淋，却被要求必须在20分钟以内到达公司。她只好立刻拦了一辆出租车。秘书小姐把她带到一个办公室，里面坐着的一位是集团董事长，一位是集团总经理。他们对她懒散的装束微微皱了下眉头，就开始提问：“总经理助理实际上是很有风险的一个职位，因为公司正在运作的几个项目都是有高风险的，稍有差池，公司就会面临着破产的风险，也会为你的履历写上不光彩的一笔。”这位朋友坦然地笑了：“没风险的企业也不会有太多的空间和机会。”两个人又问了一些问题，她都沉稳冷静地做了回答。最后，公司高层通知她五天后直接到一个度假山庄去参加高层培训。

就这样，她获得了一个很多人梦寐以求的工作，却是当之无愧的。所以说，面对问题，我们不应当畏缩，不应当逃避，而应该坦然地去面对，将问题的相关方面研究清楚，将问题的根源找出来，自己开动脑筋，寻找更多的解决之道。

富兰克林·罗斯福是公认的美国历史上最伟大的总统之一，他在任时正赶上美国经济大萧条时期，全国上下一片恐慌。为了振兴美国，罗斯福要实施新政，但要实行新政，首先要振奋民心。为此，他给美国人民做了一次可以称作是永垂不朽的著名演讲，其中有这样一句名言：“我们唯一值得恐惧的就是恐惧本身——模糊的、轻率的、毫无道理的恐惧本身！”

罗斯福勇敢地面对问题，带领美国人民走出了经济危机。

当问题拦在面前的时候，很多人都会感觉是到了绝地、撞到墙了，也该回头了，却没想到只要你不畏惧它，你是很有可能越过它的。在工作和生活中，很多人经常犯这样的错误：还没有真正与问题接触，就将困难无端放大，以至很快心生恐惧，想要逃避，最终将自己打败。实际上，绝大多数问题都能被很好地解决。

专注，才会挖掘出自身的能量

只有专注，你才能把你所有的时间和智慧都凝聚在你想要做的事情上，你会竭尽全力，即使遇到困难，也能勇往直前。而一个做任何事都虎头蛇尾的人，即使立下凌云壮志，也只是黄粱美梦，因为“欲多则心散，心散则志衰，志衰则思不达也”。

专注会让我们发挥自身的能量，三心二意会让人变得懒散，什么也做不好。一个成功大师说：“一些人之所以成功，不是因为与别人相比他有多聪明、多出色，而是在于他的专注。”专注让你的工作能趋于完美，提高你的效率，训练你的专业能力。

伟大的法国作家莫泊桑早年拜福楼拜为师，福楼拜却没有告诉莫泊桑任何实实在在的关于写作的技巧和方法，而是给他布置了一个作业，那就是坐在门口，盯着来来往往的马车夫。福楼拜对莫泊桑说：“你只盯着一位马车夫就好，如果你能把他描绘得和其他马车夫都不相同，让人能在人群中一眼看出来，那你就成功了。”

专注地做一件事比三心二意地做一百件事都有用。莫泊桑之所以后来成为一代文豪，除了天赋的原因，专注也起到了重要作用。专注地分析人物性格，栩栩如生地描绘人物形象，让他在短短的生命里创造了奇迹。歌德说："无论从事什么样的工作，只要你具备了专注的精神，就一定会有所成就。"

而当你专注于某个目标，把全部的时间和精力都放在上面时，往往就可以创造工作的奇迹。

当麦肯锡还是一个从俄亥俄州来的国会议员时，胡佛总统便对他说："为了取得成功、获得名誉，你必须专注于某一个特定方向的发展。你千万不可以一有某种情绪或者方案就立即发表演说，把它表达出来。你固然可以选择立法的某一个分支作为你学习的对象，但是，你为什么不选择关税为你的学习对象呢？这个题目在接下来的几年中都不会被解决，所以，它将为你提供一个广阔的学习天地。"

这些话对麦肯锡来说犹如醍醐灌顶，麦肯锡从此开始研究关税，过了几年，麦肯锡成为关税领域最顶尖的专家之一。随着麦肯锡的关税方案被参议院通过，麦肯锡也达到了事业的顶峰。

专注是一种巨大的力量，成功者和失败者的区别并不在于他们花费了多少时间、精力，做了多少事，而是在于他们是否能有一件"专注"的事——自己的工作和人生目标，让所有的一切都为此服务。当一个人有很大的梦想和热情，却把精力分散到许多事情上时，这样的人是不会成功的。

沃伦·哈特格伦没上过几年学，年纪轻轻就开始做挖沙工人。挖沙工作是漫长而又辛苦的，这让沃伦·哈特格伦下定决心，一定要成就自己的人生事业——成为研究南非树蛙的专家。按照沃伦·哈特格伦所受的教育，那几乎是不可能的。但是自从1969年开始，沃伦·哈特格伦每天都收集150个标本，共做了大约300万字的笔记，终于找到了南非树蛙的生活规律。他还从这种蛙类身上提取了世界上极为罕见的一种能预防皮肤伤病的药物，从而一举成名，获得了哈佛大学的博士学位，并成为美国《时代》周刊的封面人物。

专注，总是能让人完成看似不可思议的目标。伍迪·艾伦说过："生活中有90%的时间只是在混日子。大多数人的生活层次只停留在为吃饭而吃饭、为搭车而搭车、为工作而工作、为回家而回家。他们从一个地方逛到另一个地方，事情做完一件又一件，好像做了很多事，但很少有时间去追求自己真正想要达成的目标。就这样，一直到终老。我猜想很多人临到退休时才发现自己虚度了大半生，剩余的日子又在病痛中一点一点地流逝。要想成就自己的事业，这样做是绝对不行的，必须把时间和精力投入到专项上，你才能非同寻常。"

专注，会帮助你不断地深化认识，从现象到本质，从肤浅到深刻，如果不能持之以恒，保持"专一"，就很难达到"专业"。

赫尔曼·西蒙是欧洲最富盛名的管理大师之一，被评为"已故大师德鲁克之后最有影响力的欧洲管理大师"，他提出了"隐形冠军"的说法。他说，公众可能很少听到这些企业，但是这些企业却是非常强大的，稳坐业内前几名，这样的企业就是"隐形冠军"。在分析这些企业成功的原因的时候，西蒙认真地说："那就是'专'。""隐形冠军"很可能是小公司，也可能是慢公司，甚至还可能是笨公司，但绝不会是"差公司"。

西蒙说："它们也许只专注于一种产品，却把它做到了最出色，至少，要比所有的竞争对手出色。”是专注，让这些默默无闻的公司成为冠军。大家可以想一下，人和公司一样，在起初的时候都是弱小的，你不能和别人拼全部，但是你可以选择最擅长的一个方向，努力积蓄实力，专注地发展自己的某个长处，以专取胜。古语有云，“不怕多招通，就怕一门精”，说的就是这个道理。

德国一家专门从事医疗设备经营的公司的负责人乌尔姆有这样的说法：“我们从来都只有一个客户，将来也只会有一个客户，那就是医药行业。我们只做一件事情，但是我们会把它做到最好！通过专注和聚焦，达到最高水准。”高度专注，对于所从事的行业求深不求广。全力以赴一个领域，想不成为这个领域最优秀的企业都难。

每个人都想成就一番事业，实现自己在这个世界上走一趟的价值，但是在通向成功的路上总是充满了各种诱惑，让最初的目标渐渐被混淆。有这样两位朋友，大学的时候成绩都差不多，但性格有很大区别，小A比较内敛，有时候见着生人还脸红。而小B活泼开朗，还在学生会担任过大大小小的各种职务。同学们都认为，小B将来肯定比较适应社会，比较容易成功。但是，结果却大大出乎人们的意料。

小B性格开朗，却略为骄傲浮躁，总认为领导将她大材小用。本来刚毕业她就签到了一个非常好的工作，但她干了一段时间就厌倦了，迫不及待地跳槽。很多工作她都尝试了一遍，却越跳越糟糕，几年下来，还是个小职员。而小A，因为生性内向，找工作比别人晚了两个月，但是她就在那家公司一直待到现在，从最初的小职员做到部门主管。她踏实肯干，不断地

“修炼”自己的专业，一直到现在，她还经常为专业考试学习充电，目前已经成为工作领域的“大姐大”。

所以说，要想成就一番事业，绝对要“专一”，你要耐得住寂寞，经得起诱惑，不好高骛远，见异思迁。你要专心致志、不懈努力，不受外界的干扰，踏踏实实地向着既定目标迈进。无数事实证明，专注是走向成功的一个重要因素。

所谓“专注”，就是集中精力、全神贯注、专心致志。可以说，人们熟悉这个词就像熟悉自己的名字一样。然而，熟悉并不等于理解。只有专注，你才能把你所有的时间和智慧都凝聚在你想要做的事情上。你会竭尽全力，即使遇到困难，也能勇往直前。而一个做任何事都虎头蛇尾的人，即使立下凌云壮志，也只是黄粱美梦，因为“欲多则心散，心散则志衰，志衰则思不达也”。无数的例子都向我们证明“盯住一点”是成功的要点，也是成才的起点。“专心”方可“致志”。真正的成功者，他一生做成功的事，实际上只有一件事而已。

第四章

成功一定有方法，失败一定有原因

经营自己，把握成功

一个人能否成功，就看他是否能最大限度地发挥自己的长处。因此，只有经营好自己的长处，才能打造出真正的核心竞争力，才会取得成功。人生如棋，黑白之间蕴藏着无限的玄机，成败之别隐含着精妙的设计。如果你想下赢这盘棋，就需要仔细想想每步棋的走法。否则，一着不慎，全盘皆输。

总有一些人把工作当成苦差事，对他们而言，工作是无趣且没有希望的。他们被动地应付着工作，在工作中没有投入自己全部的热情和智慧，只是在机械地完成任务，而不是创造性地、主动地工作。事实上，每个雇主都在找能主动做事的人。老板们最缺的并不是人，而是人才——那些能积极主动地工作，对待任务全心全意付出的人才。我们应该明白，与其被动地服从，不如主动地去完成工作。

要想成为职场的楷模，得到老板的青睐，就必须有高度的责任感，让自己和公司休戚相关。无论岗位高低，都能把自己的工作做到最好。优秀的员工能做到高瞻远瞩，不为小利斤斤计较，他们勇敢坚强，不被挫折打倒，就像经营公司一样经营自己。

作为一个职场人，首先应知道自己要做什么。

有的年轻人在开始做一份工作时，只是为了解决生存问题，他们还有着远大的理想，只是因为现实暂且低头。但是随着时间的推移，有的人还在默默地为理想努力，而有的人已经被磨平了棱角，放弃了目标。

有一位大学毕业生，因为找不到工作就去一家水果厂当工人，赚点零用钱。没想到一干就是几年，家人偶尔也劝他再找一份工作，但他怕被拒绝，又感觉当个工人比较稳定，就一直推托，说以后再找工作。十多年来，他一直干着这一份工作，而且已经年近四十，他想换工作也不能换了，谁会要一个已经快四十岁却只会搬运水果的人呢？

每个人到社会上选择的第一份职业都很重要，因为它决定了你对这个社会的认知、你以后的求职、你对职业的感觉，还有你的生活。有人说，第一份工作有什么重要的，我到时候换个工作不就可以了吗？要知道，绝大多数人在一个行业里做久了，时间长了就习惯了。再加上年纪大了，家庭负担的增加，自己冲劲的减少，都会让他失去抛弃现有的一切，转而面对新挑战的勇气。

所以说，在决定你一生事业的时候，一定要考虑清楚再决定。选择事业之前要问问自己，你所选择的工作是你喜欢的吗？你能保证多年后还喜欢吗？你有多么需要这份工作？它能否帮助你达到自己的人生目标？只有这样理性地思考之后，才能少走弯路，更快地迈向卓越。

选择职业除了要考虑职业本身之外，还要想想你所处的环境是否适合自己的发展。那种能让你竭尽全力去做事的环境，应该适合你的性格、你的体力、你的才智、你的思想观念。就像鱼必须生活在水里，而马最好在草原上奔跑，每个人都要找到适宜自己的环境，才能感到身心愉悦，才能在事业上大展拳脚。

如果你想在职场上获得成功，就必须能够扬长避短。每个人都是一座宝藏，你要不断地挖掘自己的长处，然后经营它、发展它。也许有一天，这项长处就是你生存的工具。不要只是盯着自己的短处，要知道，世界上最让人痛苦的事就是拿着自己的鸡蛋和别人的石头去碰撞。去做一场必输的比较，只会让自己灰心丧气，要提高自信，就要发现自己的“石头”在哪里！

一个人能否成功，事实上就看他是否最大限度地发挥了自己的长处，长处就是核心竞争力。

李开复曾在苹果公司工作，有一段时间，公司的业绩越来越糟，职员们在困惑中越来越灰心，工作态度也渐渐消极起来。李开复经过细心调查发现，苹果公司确实是一个非常强大的公司，它有很多非常好的多媒体技术。但遗憾的是没有用户界面设计领域专家的介入，这些复杂的技术无法成为方便、快捷的软件产品。用户用着不方便，自然就不会去买。

于是，他写了一篇报告，把他发现的问题详细地报告了一下。此举引起了公司高层的注意，这份报告在多位副总裁之间传阅。最后，公司决定采纳这个建议，并且直接任命李开复为多媒体部门的总监。

多年以后，当李开复已经当上公司领导的时候，他的一位老上司还夸奖他：“当年你的那个报告给公司带来了非常大的机遇。今天公司这么成功，你功不可没。”

在李开复刚进公司的时候，大家都把他当成是语音方面的专家。李开复给了他们一个大大的惊喜，因为他不拘泥于自己的岗位，在出色完成自己的任务后，还要为公司解决难题。如果不是这种积极主动的精神，他不可能从一个小职员直接升到总监。

这个故事告诉我们，李开复是个非常善于经营自己的人，像他这样具备突出技能且不断学习、努力进取、对公司高度负责、能给公司创造巨大利润的人，公司怎么能不重用他呢？

制定一个合理的目标

当你定下目标后，就该知道如何完成目标。一定要明确达成目标的因素，因为光有热情是不行的，还要找方法。量力而行地为目标制订详细的计划，明确什么时候该做什么。不仅知道有利因素，还要明确自己达成目标的制约因素，比如自己的坏习惯、担忧的事情、竞争对手等等。

按照“成功动机”理论，行动力的来源最终会归结为：第一，追求快乐；第二，逃离痛苦。要去做，先明白自己为什么要这么做，才能有源源不断的力量。

作为一名员工，你首先要明确，你的工作和生活到底是什么关系？有的人为了实现自我价值，有的人为了养家糊口，还有的人在浑浑噩噩地利用工作打发日子。认真地回答“自己为什么活着”“工作在你的生命里到底被摆放在什么位置上”这两个问题，是十分必要的。

如果说玩乐和舒服是你人生的目标，解决温饱就是你对工作的要求，那非常简单。你可以继续在岗位上混下去，不需要有太大的执行力，但是会混得胆战心惊，因为这样的员工永远是老板眼中的刺——白给你银子却不好好干活。

这也是最容易消耗人工作激情的选择，这种人慢慢会变成公司无可救药的老油条。

有这么一个故事，科学家做实验，把一只青蛙丢进沸水里，它立刻弹跳出来，而把它放在温水里，慢慢地煮，青蛙会在里面舒服地游，等到发觉水越来越烫，实在忍受不了的时候，却不能跳出来了。混工作的人就像是这只在温水里煮的青蛙，慢慢地丧失了进取心和战斗力，最后的结局只能是被淘汰。

每个人都是有自己的使命的。使命是神圣的灯塔，激励着你、引领着你，人因为有使命而伟大。这种使命会让你有无穷的战斗力和执行力。

有的人，他的最高追求就是能吃饱饭，晒晒太阳。

有的人，他的最高追求是能赚钱养家糊口。

有的人，他的使命是让人们的生活更加方便，比如公交车司机。

有的人，他的使命是弘扬文化，结交友邦，比如郑和。

有的人，他的目标是让黑人的子女和白人的子女能在一所学校里读书，比如马丁·路德·金。

还有的人，他的使命是一辈子为穷人服务，比如特里莎修女。

为使命而工作的人，永远不缺热情与激情；为使命而工作的人，永远不缺行动力。

扪心自问，你自己的人生使命是什么？这也是你存在于这个世界上的价值。

接下来，就是明确自己的目标。找张白纸，写下自己的目标，你想要成为一个什么样子的人。你在十年内所要实现的目标或者在五年内、三年内的目标。有人问为什么要写下这些目标，自己心里明白不就可以了吗？事实上，不要太轻信用脑袋记忆，这样记忆的作用太有限。因为用不了多久，每天纷繁复杂的事务与信息会将你的这点记忆冲刷得一干二净。相比之下，白纸黑字更有行动力和约束力，更何况这还有别的用途。

你要在你的梦想下面写下实现的理由。理由越多，动力就会越强。这不只包括“白日梦”——达成它的快乐是什么，还要包括达不成的痛苦是什么。用最明确的文字，而不是模棱两可的宣言。图片也好，文字也罢，摆放在你随时或者每天都能看到的地方，让自己“刻骨铭心”。

千万不要小看这个小小的举措，它会帮你储备无穷的行动力。

当你定下目标后，就该知道如何完成目标。明确要达成目标的因素，光有热情是不行的，还要找方法。量力而行地为目标制订详细的计划，明确什么时候该做什么。不仅要知道有利因素，还要明确自己达成目标的制约因素，比如自己的坏习惯、担忧的事情、竞争对手等等。

行动的时候，千万少让自己陷入自怨自艾或者胡思乱想之中。这是最浪费时间的，因为这种漫无目的的空想是什么问题也解决不了的。想得多做得少，恶性循环下去，又会带给自己更多的困惑和苦恼。

苏格拉底说：“要成功，你必须先有强烈的成功欲望，就像你有强烈的求生欲望一样。”正如博拉·米卢的“招牌”观点——态度决定一切。

工作中要学会聪明地思考

在努力的基础上，工作中还需要聪明地去思考。只有聪明地思考，才能更好地工作，用思考代替埋头苦干。如果你一味地忙碌而没有时间来思考少花时间和精力的方法，那是得不到事半功倍之效的。聪明地思考，是创新突破，是方法优化，这需要学习进取，需要团队合作。

一位牧师正在家里准备第二天的布道，妻子不在家，儿子吵吵闹闹，弄得他心神不宁，无法安心准备。焦急无奈的牧师随便拿起一幅地图，撕成碎片后递给儿子："如果你能把这些碎片拼成完整的地图，你就可以得到奖金。"儿子乖乖地拿着碎片去玩了。谁知道，刚过了几分钟，儿子就跑回来了："爸爸，我来拿奖金了。"牧师非常惊讶，他以为拼这些碎纸至少得用去儿子大半天的时间，怎么会这么快?

看到父亲奇怪的表情，儿子狡黠一笑："这非常容易，因为地图的后面是一张照片，如果照片上的人是对的，那么地图也是正确的。爸爸，你不会想赖账吧？"故事的结尾是牧师大悟："人是对的，世界也是对的。"于是，他不再焦躁，而是认真地准备布道。实际上，这个小孩非常聪明，他找到了一个正确的方法。这也告诉我们，如果一个人的思维混乱、不明晰，他的世界就是混乱的，就不能清晰地思考并聪明地工作。

凡事先思考，当你已经有了明确的工作目标后，就要学会动脑子，研究如何做是最省时省力的。努力重要，聪明也很重要。这种聪明不是小诡计，而是少走弯路，在工作中充分释放自己的创造力。一味地忙忙碌碌不一定会成功，除了勤奋地工作，更要聪明地思考。无论看到什么，你都要多问为什么，把思考变成自己的习惯。如果你一味地忙碌而没有时间来思考少花时间和精力的方法，只怕是什么事也弄不好的。

日本最大的化妆品公司曾收到客户抱怨，买来的洗面皂盒子里面是空的。这家化妆品公司非常认真，他们本着“顾客就是上帝”“机会只有一次”的服务理念，让一大批技术人员研究一套可以预防此类事件再次发生的设备。这些工程师辛辛苦苦研制了一年，终于发明出来一台专门去透视刚生产出来的香皂盒的X光监视器，研究经费高达几千万日元。另外一家小公司也时常有这种问题产生，但没有那家化妆品公司财大气粗。小公司的全体员工冥思苦想了几天，终于靠智慧解决了问题。那就是买一台强力工业用电风扇放在输送机末端，用电风扇去吹每个香皂盒，被吹走的便是没放香皂的空盒。怎么样，够简单、够聪明吧。

在努力的基础上，工作中还需要聪明地去思考。只有聪明地思考才能更好地工作，用思考代替埋头苦干。如果你一味地忙碌而不去思考，那是得不到事半功倍之效的。聪明地思考，是创新突破，是方法优化，这需要学习进取，需要团队合作。

18世纪，为了计算某天体的运行轨道，数学巨人欧拉不眠不休地计算了三天三夜，等到数据出来的时候，他的右眼已经因为过度劳累而失明了。

多年后，数学家高斯革新了欧拉行星运行轨道的计算方法，结合最小二乘法仅花一小时就得出了更加精确的结果。

1801年，人们循着高斯计算的运行轨道终于找到了这颗小行星——谷神星。高斯深有感触地说："要是我不变换计算方法，我的眼睛也会瞎的。"

有时候，努力不能解决的问题，聪明可以。工作中需要聪明地、积极地去思考，先想到正确的办法再前进，总能事半功倍。

好风凭借力，送我上青云

懂得借力的人才会站得更高，看得更远，不为大大小小的琐事所纠缠，才能够节省时间，专注目标。无论是风筝上天、帆船出海还是风车发电，都需要借助风力。在这个世界上，没有独立存在的事，懂得“借力打力”，才能获得更大更快的成功。

“借力”在东西方都有着悠久的历史。中国的荀子说：“借助于车马的人，不必自己跑得快，却能远行千里；借助于舟船的人，不必自己善水性，却能渡江河。君子生性与别人无异，只是因为他善于借助和利用外物，所以就不同了。”而西方的牛顿也说：“我的成功只是因为我站在巨人的肩膀上。”可以说，善于借力，能借好力，就等于给自己找了个跳板，找到了成功的捷径，让自己跳得更高，走得更远。

中国台湾巨富陈永泰说得好：“聪明人都是通过别人的力量，去达成自己的目标。”

中国香港之所以能迅速走向繁荣，其中一个重要原因就是能和外国的大公司合营，借着别人的品牌、外国的原料、外国产品的市场，再加上自己便捷的交通、优越的地理位置，从事加工制造，终于成为亚洲“四小龙”之一。

一个善于用人、善于安排工作的人，会在管理上少出许多麻烦。他能知人善任，明白每个雇员的特长和缺点，尽力把每个人安排在最恰当的位置上。但是那些不善“借力”的人也不善管理，总是用人不当。他们对雇员不信任、不培养，以为凡事亲力亲为是个很好的优点，结果却并非如此。

一个管理培训师讲过这样一个故事。

一个大集团在青岛召开一个为期十天的会议，参会者主要是各个子公司的高层。在这些人中，有两位总经理，对比非常鲜明。一位是几乎天天电话不断、风风火火，看起来他只是在外地的办公室而已——偶尔在会议上，他还会眉头紧锁地遥控指挥，忙得不亦乐乎。而另外一位总经理却几乎没打什么电话“回家”，完完全全是“与世隔绝”的悠然模样。

下面，我们看看两位总经理回去时公司的状况。

那位遥控指挥公司的总经理回去后，发现公司的状况非常糟糕。工作秩序混乱，职员们不知道该做什么，互相推卸责任；管理混乱，许多订单都出了错，大堆大堆的事等着总经理回来“亲力亲为”。这位总经理在处理完事务之后慨叹：“这家公司没我就是不行！总公司真是应该给我升职加薪水。”

而那位优哉游哉的总经理回到公司后，发现一切都井井有条，甚至比自己在的时候干得还好。因为他手下的主管们都是得力干将，他们通过独立处理事务，也更有自信心了。

事情的结果是，一年后，第一家公司的运营已经举步维艰，不得不接受资产重组，那位总经理也被辞退。而故事里的第二位总经理被提升为集团副总裁，由他继续兼管的酒店也正式从四星级变成五星级。

“让每一个人明确知道自己应该做什么，应该如何做，什么才叫做得好，如何能独立地工作，遇到问题怎么解决。”作为主管，在平时的工作中就应该按照这些标准系统严格地训练自己的下属，做到自己在与不在他们都能做得一样好。公司不会认为这样的你是多余的，也不会责怪你“太清闲”，恰恰相反，只有一个有能力的人，才能把事情做得又快又好。他懂得培养出来真正能“帮”他的人，借助别人的“力”来成就自己。既然你在自己的工作上已经游刃有余，公司会认为你完全可以胜任更高的职位——因为职位越高，越需要别人的帮助与合作。

有异曲同工之妙的是美国一家超大规模的公司，其中一个高层领导叫霍弗德。他除了每次开例会发表一下自己的看法外，其余时间都在各地度假。几乎所有的高管和他一起开会都会感觉自己效率低，因为霍弗德能用最短的时间找出问题的关键所在，把最重要的问题一一解决。他只是解决最重要的问题，其余那些琐事、次重要的问题都由强大的中层管理者来帮他做，而那些中层都是他一手调教出来的得力干将。

懂得借力的人才会站得更高，看得更远，不为大大小小的琐事所纠缠，才能够节省时间，专注目标。无论是风筝上天、帆船出海还是风车发电，都需要借助风力。在这个世界上，没有独立存在的事，懂得“借力打力”，才能获得更大更快的成功。

总会有那样一些人，在无形之中把希望、鼓励、帮助、辅助投入到我们的生命里，有的力是在精神上，有的力是在现实里，这一切都在帮助我们成长。

在美国，有一家电脑公司，产品虽然在国际市场上一炮打响，却迟迟打不开国内的销路，出现了“墙里开花墙外香”的局面。为了迅速开辟国内市场，这家电脑公司在促销上费尽心思，终于想到一个办法——在国内举行一次大的橄榄球比赛，售票口就在这家电脑公司的各地分店里。为了扩大影响，他们决定凡是观看比赛者，见票每人免费赠一张电脑公司的优惠券。为了能看到那些专业的橄榄球队员在场内龙腾虎跃，求购门票的人几乎挤破了这家电脑公司设在各地的分店。预期的促销目的达到了。

利用美国人对橄榄球的喜爱，和橄榄球联姻后的电脑公司的声势日益壮大，再加上本身产品的质优价廉，产品的知名度在全国范围内大幅提高。

公司如此，人也如此，任何人单枪匹马都无法在社会上取得成功。作为一名职场人士，你的同事、上司、朋友都可能成为你的借力对象。所以，你一定要学会通过待人接物、结交朋友的方法来互相促进、互相提携。关系网是人际关系的重要组成部分。钢铁大王卡内基曾经亲自预先写好自己的墓志铭：“长眠于此地的人，最大的优点是结交比他更优秀的人。”把握了“借力”这一核心，你就已经明白了复杂关系网的精髓——即使你没钱、没背景、没经验，也能走向成功。

总之要记住，一个人是唱不了大合唱的，必须借力而成事。

智者找助力，愚者找阻力

作为一名员工，你在变幻莫测的商业活动中要善于找助力——或者解决危机，或者以小搏大。助力是你面前的一个跳板，在有限的时间内能够帮你跳得更高，跑得更远，就看你是否会利用助力。

美国石油大王洛克菲勒在事业刚起步的时候，无论是财力、物力还是人力，都比不上其他的石油霸主。但是洛克菲勒不是小富即安类型的人，他的目标是垄断炼油和销售两大领域，但是凭自己现在的实力，拿什么和别人争呢？洛克菲勒的合伙人佛拉格勒非常有心机，他建议："那些石油大亨在需要铁路运输石油的时候才和铁路局联系，不用的时候就置之不理，这种不固定的方式经常搞得铁路局没生意做。如果我们能暗地和铁路方面签个长期合约，给他们个铁饭碗，他们自然就会支持我们，我们会省下一大笔运输费。"

这招的确是妙。洛克菲勒迅速和铁路霸主之一凡德华签订了合约，洛克菲勒以每天订60辆车的条件换取每桶油让7美分的利润。低廉的运费带来销售价格的下降，进而使销路得到迅速的拓宽发展。从此以后，洛克菲勒就发达了，运费便宜的铁路把他的石油带到四面八方，他的经营面迅速扩展，而运费成本的下降直接使石油售价便宜起来。洛克菲勒终于快速实现了小鱼吃大鱼、慢鱼吃快鱼、垄断石油经济的梦想。

作为一名员工，你在变幻莫测的商业活动中要善于找助力——或者解决危机，或者以小搏大。助力是你面前的一个跳板，在有限的时间内能够帮你跳得更高，跑得更远，就看你是否会利用助力。

日本一家著名企业招聘，共有三名女士闯到最后一关——董事长亲自面试。她们不可谓不优秀——过五关斩六将，在数千名应聘者中脱颖而出。在最后面试前十分钟，董事长秘书过来对她们说："董事长喜欢他的工作人员穿着职业化一些，我为你们各准备了一套职业装和一个黑色手提包。但是，衣服上有个黑点，需要你们自己想办法。顺便说一句，董事长很爱干净。"

三名女士面面相觑，黑点非常刺眼地在白色衣服的衣角上，再笨的人也都知道这是董事长故意安排出来的考试，他肯定会特别关注这个"脏物"。

时间紧急，一名女士抓过衣服立刻用手搓了起来，结果越搓黑点越大，很快就成了巴掌那么大一块，无法补救。她绝望地退出了。

另一个则飞奔到洗手间，快速地用水洗黑点……但遗憾的是，时间马上就到了。等她又飞奔回应聘的那间屋子的时候，她穿的衣服的脏污处变成湿淋淋的一大块，董事长叹息着摇摇头。这名女士很不服气地问董事长，她的竞争对手是怎么处理这个黑点的，董事长不是很爱干净吗？

董事长微笑着说："另外一位女士自始至终都没有让我看

到那个黑点，她双手优雅地把包挡在黑点上。注意，那个包是秘书给你们的。”听了这话，这名女士颓然地低下了头。

在很多情况下，不是没有助力，而是你根本没有发现身边助力的存在，只会舍近求远地蛮干。到头来不仅不能成功，还白费了力气。遇到问题，要审时度势，冷静地分析每种可能、每个方法，而不是头脑发热，一头栽进一个可能是错误的办法里，那样只能是给自己找麻烦。

上海有家公司，以每千克6.8美元的价格向欧洲市场出口糖钠。这家公司的产品质量好、信誉高，而且价格合理，很快在欧洲市场上站稳了脚跟，公司在赚钱的同时也给国家赚了不少外汇。这时天津和江苏的两个公司眼红了，糖钠生意好做咱就赚一笔吧。两家公司使出浑身解数，给外商发邮件打电话托关系，终于联系上了。天津的公司大开口，把价格压低到每千克5.4美元，江苏的公司也不甘示弱，不惜血本地把价格压低到每千克5.07美元。外商们悠闲地看着这三家企业“同室操戈”，时机一到，立刻和江苏的公司签订合约，订购65吨产品。

江苏公司赚了吗？这么低的价格它当然没赚。

事情结束了？还没有。且不说恶性竞争是无限循环的，马上出现的问题是欧洲用“反倾销法”把江苏这家公司狠狠地制裁了一下——交巨额的“反倾销税”。本交易还有一个严重的后果，那就是我们的竞争对手美国与韩国“趁火打劫”，占据了糖钠市场的有利地位，大有“取而代之”的“英雄气概”。

所以说，聪明的人擅长踩着跳板前进，愚蠢的人擅长往路上布点荆棘和埋伏。智者找助力，愚者找阻力，这句话一点都不错。

成功就是不断地重复

重复就是最好的学习，就是成功，就是强大，就是坚持，就是未来。你是选择创造、追求成功的生活，还是安于现状、不思进取、得过且过？当然，你有权利选择你要的生活，要记住，真正的成功就从重复开始。

有人把成功想象得很复杂、很难，认为要获得成功，就要牺牲一切，包括给亲人的时间，给健康的时间，给良心的时间。似乎要获得成功会很痛苦，像被扒了一层皮。但事实上，成功还有另一个名字叫作坚持，即使你每天只进步一点点，只要你能坚持下来，就能赢得最后的胜利。

有位著名的推销大师将要告别他的职业生涯，在他的告别演说上，挤满了各行各业的人。人们都在热切地等待倾听这位推销大师精彩的演讲。当大幕徐徐拉开，人们惊讶地发现，舞台的正中间居然挂着一个大铁球，这个巨大的铁球被挂在一个高高的铁架子上面。而那位老者走了出来，微笑着说："请两位身体强壮的人到台上来。"很多年轻人站了起来，眨眼间已经有两个手脚麻利的跳到台上。

老者开始讲规则，他请这两位强壮的年轻人用大铁锤去敲铁球，一直到这个铁球动起来。一个年轻人抢着去拿铁锤，他拉开阵势抡起了大铁锤，但观众只听到“铛”的一声，铁球却丝毫没动。他又快速地用大铁锤去敲打铁球，铁球还是丝毫不给面子，就是纹丝不动，很快他就气喘吁吁地下台了。虽然另一个年轻人也不甘示弱，但也无功而返，铁球依旧一动不动。

观众开始鼓掌、呐喊，大家都在期待老者说出什么动人心弦的解释。

但是老者显然忽略了观众的这种期待，他从上衣的口袋里掏出个小锤，然后认真地拿着小锤“咚”地敲了一下，铁球当然不动。他停顿了一下，再次用小锤“咚”地敲了一下。人们大惑不解，老人就那样“咚”地敲一下，停下，再接着敲。十分钟过去了，二十分钟过去了，会场早已开始骚动，人们发出各种声音来表示不满。老人对这一切好像一点也不在乎，他仍然一小锤一停地工作着。半个小时过去了，会场上的人已经走了大半。

到了大概四十分钟的时候，先是最前面的妇女发现了异样，她忍不住大喊：“球动了！”刹那间，全场安静下来，老人仍然在不紧不慢地敲着，而铁球在老人一下一下的敲打中越荡越高，它拉着那个铁架子“咣咣”地响着，这种响声撼动了在场的每一个人。

安静下来后，老人说了一句话：“成功就是简单的重复。如果你没耐心等待成功的到来，那只能用一生来面对失败。”

全场再次掌声雷动，老人的告别演讲非常成功。

重复是一种强大的力量，就像文中的老人，他只是每次轻轻地敲一小下，而微小的重复会创造巨大的力量。重复就是财富，不积跬步，无以至千里，没有小钱的积累，就没有大钱。除了吃老本的，哪个富翁不是靠小项目起家的呢？一个人问亿万富翁怎么能赚那么多钱，这个亿万富翁回答："一元钱。卖一件货我赚一元钱，一次赚一元，重复一亿次。"所以说，重复就是最好的学习，就是成功，就是强大，就是坚持，就是未来。你是选择创造、追求成功的生活呢，还是安于现状、不思进取、得过且过？当然，你有权利选择你要的生活，要记住，真正的成功就从重复开始。

笔者有个朋友，暂叫他小F，他是笔者所有朋友里最有出息的一个。他在游戏漫画界名气非常大，经营的工作室可谓名利双收。但是小F到现在见着笔者还喊老师，这让笔者在不好意思的同时也想想过去。当时笔者喜欢画画，画得还不错，《三国演义》也能临摹得栩栩如生，小F看后就开始缠着笔者拜师，天天拿着笔者画的东西当摹本。他自己就像那个画鸡蛋的达·芬奇，不停地画啊画，每个人物至少都描摹过上百遍。当笔者有一次考虑以后靠美术来吃饭的时候，一个"科班"出身的同学提醒我，那么多美术特长生，人家都有名师指点，哪有你吃的饭呢？笔者当即打消了这种不切实际的念头。而小F却没放弃，仍是天天画，虽然他没考上大学，后来当了个商店的售货员，却还接着画。后来他又劝父母支持他报了个游戏漫画专业的培训班。又过了一年，小F出师了，成立了自己的工作室，为大的网络游戏公司做设计。几个单子下来，他房子车子全买了……

还有一点，你感觉成功很难，所以从心里不愿进取，不愿辛苦，那么，不成功的生活就容易了吗？只要我们注意观察就会吃惊地发现，那些生活在贫困线上的人才是真的有耐心，有吃苦耐劳的品质。他们正是以这种惊人的耐心忍受着不成功的现实生活。这非常可怕。不肯付出一点努力去换取一生的幸福，却心甘情愿地用一生的时间面对失败，这样就容易了吗？

成功在于重复，你要具体地设计自己的人生，认真地规划工作，不骄不躁不敷衍也不能作假，这不是在给别人看，而是对自己的人生负责。

第五章

找对好方法，才有高效率

工作中要学会独立思考

也许你有一个有才能的上司，也许你有一个出色的同事，但千万别让自己“省心”下去。如果你懒得独立思考，就会习惯性地依赖别人，不仅为人所控制，还无法对事物做出正确的判断。我们要保持自己独立思考的习惯，这将对确定自己事业的航向有着极大的帮助。

有这样一个民间故事。

在很多年前，有一对住在偏僻乡村的父子，赶着一头驴子到集市上去。半路上有人批评他们太傻，放着驴不骑却赶着走。父亲觉得有理，就让儿子骑驴自己步行。没走多远，又有人批评他们：“怎么儿子骑驴，却让老父亲走路呢？”父亲听了，赶忙让儿子下来，自己骑到了驴身上。没走多远，又有人批评说：“瞧，这当父亲的，也不知心疼自己的儿子，只顾自己舒服。”父亲想，这可怎么办才好呢？干脆两个人都骑到了驴背上。结果还有人为驴子打抱不平：“天下还有这样狠心的人，看那驴子都快被压死了！”父子俩的脸上都挂不住了，索性把驴子绑上，两人抬着走……

在现实生活中，我们有多少人会“抬着驴子走路”呢？

有许多人经常犯这样的错误：在做事或处理问题时常常屈

从于他人的看法，完全按照别人的思想行事。他们没有自己的思想，无法进行独立思考，无法对事情做出正确判断，结果，自己把自己给毁了。

在工作中也是如此。当你提出一个想法或者完成一件事情时，大家总会有话说，但他们都是从自己的角度出发来评论你的行为的。面对这种情况，如果我们不能独立思考，就会过多地顾虑别人的看法和议论，不敢坚持自己的想法，从而犹豫不决，错失良机。

做人要有独立思考的精神，这样才会对自己的人生做出正确的判断，而不是在关键时刻丧失自己的主见，随波逐流，屈从于他人的意见。

美国汽车大王福特发明V8型发动机的时候，没人看好它。大家都在等着看笑话，许多工程师经过一年的毫无结果的努力后也全都懈怠了。但是福特坚持自己的观点，他认为自己是对的。几年后，V8型发动机让福特车的销售量位居世界第一，这也成了汽车史上的骄傲。

在会议室里，大家围坐一圈。上司发问："谁还有不同意见？"沉默一分钟后，有人打破了沉默。此时，会议室开始骚动，有人开始附和："哦，我也是这样想的。"

这是很多会议的"模型"。有人是得过且过，有人干脆没想法，有人怕提出想法后被人嘲笑，给自己惹麻烦，以为不给老板"提问题"老板就不会找自己的麻烦。事实上，老板是怎么想的呢?

一位老板说："我认为接到指令后就去执行的员工是不会有出息的，因为他们不知道'思考'这两个字有多么重要。"

公司需要的是有头脑的人，而不是只知道执行任务、需要老板具体安排到每个细节的人。不能考虑事情的发展和问题的员工是不受欢迎的。

成功的职场人士都喜欢问自己：“怎样才能做得更好？”这种独立性让他们能切实地、主动地为公司解决问题。值得注意的是，不要以为身处职场基层，人在屋檐下，你就得成为逆来顺受、循规蹈矩的“思维呆子”，恰恰相反，老板雇的是人，不是机器人，他需要你能独立地为公司解决问题，而不是粉饰太平。

二战中，有一位将军唯元帅马首是瞻。无论元帅的命令多么荒唐，他都保持缄默。终于有一天，元帅把他叫到营帐宣布：“你被罢免了。”

“为什么？”

“我不需要传声筒将军。这样的将军在战争中无法做出正确的判断，这会导致军队的败亡。”

中国有句老话叫作“三思而后行”，意思是说思考是我们工作和事业的指南。懒于思考、不会思考，说话办事总是人云亦云、随波逐流，没有独立思考能力的人，往往一生也不会有多大的成就。同时，大家会注意到能独立思考、有自己的见解的人的重要性。一个人只有独立思考，才能独当一面。在战场上，盲从就是死亡；在生活里，人云亦云就是自断前程。也许你有一个有才能的上司，也许你有一个出色的同事，但千万别让自己“省心”下去。如果你懒得独立思考，就会习惯性地依赖别人，不仅为人所控制，还无法对事物做出正确的判断。我们要保持自己独立思考的习惯，这将对确定自己事业的航向有着极大的帮助。

找到你人生的“大石块”

为什么戴尔能成功？答案只有一个，那就是他已经找到了自己生活的重心，他在全心全意地做一件事。这就是聚焦，为了这件事，其他事都可以放弃，不管别人怎么说怎么看。

有这样一个故事。

有个小和尚问师父，怎样的人生是没有遗憾的。老和尚没有回答，却拿来一个瓶子。接着，他把一些石块塞进瓶子里，直到石块堆到瓶口，他问小和尚：“满了吗？”小和尚点点头。老和尚微微一笑，又伸手抓起一把小石子装进瓶子里，填满石块间的空隙，他又问小和尚：“满了吗？”小和尚说：“这次满了。”老和尚不置可否，又抓起一把沙子，放了进去，细腻的沙子流入每一条空隙。老和尚再次问：“满了吗？”小和尚迟疑着没有回答。老和尚大笑着又倒进一杯水。

这是一个有意思的小故事，结尾是老和尚告诉小和尚，人的一生学无止境。从另一个角度来想，如果在一开始你就装满沙子，那么你就没机会再装进石块。引申到工作中，你不可能把24小时全用在工作上，更何况那样的效果也未必好。你工作的时间是固定的，所以，找准你人生的“大石块”是相当重要的。

比尔·盖茨的数学和电脑都非常棒，他一直在当个数学家还是进军计算机领域之间摇摆不定，一直到进了哈佛。那里的数学天才让盖茨自惭形秽，他终于做出决定：全心全意做软件，并因此退学。盖茨找到了他的“大石块”，建立了微软帝国。

说到退学，还有一个熟悉的名字——戴尔。戴尔从小的目标就是赚钱和成功。他第一次做的生意是给报社卖报纸。聪明的戴尔发现，那些新搬家的和新结婚的人比较喜欢订报纸。他去户政部门、新小区等各个地方搜集情报，有重点地去“广告”“推销”，很快，订单就像雪片一样飞来。几年下来，戴尔赚到了18万美元，而当时的特级教师年薪才只有4万美元。戴尔看着自己日益丰满的小金库，更加热爱做生意。他凭借着敏锐的嗅觉发现，新买的计算机非常容易过时，人们不得不再花大价钱买新电脑，而事实上，只需要更新部分零件就可以了。

于是，戴尔订购了一批零件，然后做广告：“只要你打电话来，我们就上门更新你的计算机！”

订单又像雪片一样飞来。戴尔迷上了这项事业。刚上大一，他就注册了“戴尔电脑公司”，全心全意投入了自产自销电脑的工作之中。因为整天忙着做生意，学习成绩也就下来了。戴尔的父母眼看着儿子被电脑“毁”了，非常痛心地劝儿子“迷途知返”，可戴尔不这样想。他认为，自己可是在和IBM竞争，不拼命可不行。后来因为忙得不可开交，戴尔就干脆退学了。

戴尔创造了电脑销售史上的奇迹。连续15年，每年销售量增长15%，营业额达到了300多亿美元，戴尔的个人资产也近

200亿美元。

为什么戴尔能成功？答案只有一个，那就是他已经找到了自己生活的重心，他在全心全意地做一件事。这就是聚焦，为了这件事，其他事都可以放弃，不管别人怎么说怎么看。如果戴尔又想学习成绩让父母满意，又想开自己的公司，那么也许就没有今天的销量排名世界前列的电脑品牌了。

国内著名的希望集团创始人刘氏兄弟是以一千块钱起步做生意的，他们靠养鹌鹑赚了一笔钱。周围很多人纷纷效仿，也开始养鹌鹑。随着养鹌鹑的人越来越多，鹌鹑的价格被压了下来，养鹌鹑的都亏了本，许多养鹌鹑的人纷纷转行。刘氏兄弟却坚持下来了，他们坚信只要做大，就会有钱赚，他们不但没有放弃，反而开始扩大规模。短短一年，他们就建立了中国最大的鹌鹑养殖基地，并很快赚到了希望集团的第一个1000万元。

总之，想问题要想到底、想通透，一旦找到你人生的“大石块”，就不要再撒手，这样才能把危机变成更大的机会。

有条不紊，迈向成功

没有条理、做事没有秩序的人，无论做什么，都不会有成功可言。而有条理、有秩序的人即使现在并不出色，他的事业也往往会有相当的成就。因为一个人工作有秩序，处理事务有条有理，就不会乱、不会慌，效率就会很高。

工作没条理的人是走不远的。一位著名的管理学家把“做事没有条理”列为引发失败的定时炸弹。在华商大会上，一位王姓企业家，与朋友谈起了他遇到的两种人。

一种是非常性急的人，他工作起来的确够热情、够迅速，每次看到他都是忙忙碌碌的像一阵旋风。你和他谈话说不了两句他就不停地看表，满脸的着急和不耐烦，他的时间似乎比总统还要紧张。他的公司做得很大，但就像一盆不受拘束的火焰，开销也非常大。他的公司扩张得非常厉害，工作却安排得混乱不堪，想起哪出唱哪出，毫无秩序。不说别人，他的办公桌就像一个垃圾堆，身为老板，经常在重要会议上忘了重要资料。有人说可能他没有一个好秘书，其实，这和有没有好秘书毫无关系。那些白手起家、没钱请秘书的人是否都应该乱得找不着北呢？这些细节的混乱完全是他自己的责任。这位老板经常很忙，每天东一榔头西一棒子，但忙的效率却不高。公司也是如此，看起来风风火火，却很少有实际的收益。

另一个人恰恰相反。他总是非常镇静，对人彬彬有礼，平静祥和，相当有耐心，做事总是有条不紊，从未见他忙中出错，他总是一派胜券在握的风范。在他的公司里，所有员工都在埋头苦干，却不骄不躁，也都是一副有条有理的模样。各种事务井井有条，东西各置其位。这位老板每天都会亲自整理自己的办公桌，亲自规定行程和事务，却不见有丝毫的慌乱。这种镇定、有条有理、讲究秩序的作风就是公司的作风。他的公司稳健地向前发展，几年内，就从一个小公司变成业内屈指可数的大公司，而且前景颇被人看好。

一个人的工作没有条理，会造成资源的浪费、员工精力的浪费，自己也是费力不讨好，最终也难以取得任何成就。因为这些人总是想做更多更大的事，他们会认为如果给自己更多的时间、更多的人手、更多的物质支援，自己就能成功。事实上，他们所缺少的，不是更多的外在条件，而是让工作更有条理、更有秩序、更有效率的好方法。今天的世界是思想家、策划家的世界，唯有那些办事有秩序、有条理的人才会成功。而那种头脑错乱，做事没有秩序、没有条理的人，成功永远都和他擦肩而过。

在一本名为《有效的经理》一书中有这样一段话：“我赞美彻底和有条理的工作方式。一旦在某些事情上投下了心血，就可减少重复，开启更大和更佳的完成任务之门。”正如西方有句谚语所说：“条理会保护人的时间和精力。”

有一次，一个著名的作家在外出差，一个编辑想看看他几年前的一部剧本。这位作家打电话给她的妻子告知这件事情，并且告诉她，剧本在书橱左边第一格的一沓手稿当中。结果，他妻子只花了不到一分钟，就从中找到了那沓手稿。两天后，这部剧本快递到那个编辑所在的城市，后来这部剧本被拍成电影，广受大家欢迎，作家也更为人熟知。

从这个故事里，我们领悟到的关键是：条理。

工作无序，没有条理，必然会浪费时间。试想，如果一个搞文字工作的人手里资料乱放，本来一天就能写好的材料，找资料就找了半天，怎么能不费时费事呢？没有条理、做事没有秩序的人，无论做哪一种事业都不会有成功可言。而有条理、有秩序的人即使现在并不出色，他的事业也往往会有相当的成就。因为一个人工作有秩序，处理事务有条有理，就不会乱、不会慌，效率就会很高。而从这个角度来看，他的时间也会充足，事业也能按部就班，即使每天前进一小步，天长日久，也终会成为佼佼者。

高效制胜，效率为王

大家要明白，我们的工资就是老板花出去的真金白银，老板雇用了我们的人，也雇用了我们的工作时间。“时间就是效率，效率就是金钱”这句话一点儿也不假。

你是不是每天都忙得焦头烂额，却劳而无功？是不是感觉付出一腔心血，得到的却只是老板的横眉冷对？是不是没有一点儿空闲时间，到总结时却说不出到底忙了什么？如果你已身心疲惫，但是还没什么成果，那就是你的效率出了问题，你在浪费你的生命。

在这个商业化社会里，效率才是王道。你付出得再多，没结果，或者是别人用三天能搞定的工作，你半个月还在磨磨蹭蹭。当然，你可能还会和老板抱怨——你已经够辛苦了，这只能让老板更加认定你是个没能力的人。

一家公司的老板去国外参加一个商务会议，并洽谈合作事宜。他身边的两个助理忙得焦头烂额，小孙负责起草发言稿和根据市场做出分析，拿出公司的优势项目，而小李负责合作项目的谈判。

在送老板上飞机的路上，主管问小孙：“演讲稿和数据分析准备得怎么样了？”

小孙揉揉红红的眼睛，打个哈欠：“嗯，弄完了，就差打印了。不过没事，反正演讲稿是用英文写的，老板又看不懂。等老板一到，我就把中文版给他传过去。”

谁知道，老板临上飞机时突然问主管：“这次会议的演讲稿和数据分析呢？”主管无奈，只好如实告诉了老板，老板一听马上变了脸色：“怎么会这样？我还准备和同行的外籍顾问在飞机上好好研究一下呢。我看不懂英文？他怎么知道我不懂英文？再说，这不跟着翻译呢吗？还有，为什么不准备两份文稿？一份英文的，一份中文的！自己没效率，居然把问题往我不懂英文上推，真是岂有此理！”

主管挨了骂，自然也骂了小孙，就这样，小孙辛辛苦苦地白忙活一场。要真是白忙也好，就像这事没发生过一样，关键是他已经在老板那里留下了没效率、爱偷懒的坏印象。

而在美国，小李的方案周到细致、有理有据，在很多地方抓住了外商的要害。谈判虽然进行得艰苦，但还是赢得了外商的信任和好感。最后，双方终于签下了合作协议。这之后，小孙和小李的命运大家自然可想而知了。

大家要明白，我们的工资就是老板花出去的真金白银，老板雇用了我们的人，也雇用了我们的工作时间。“时间就是效率，效率就是金钱”这句话一点儿也不假。

那么，如何提高我们的工作效率呢？

如果有一个人对你说，他有一个价值2.5万美金的工作方法，只要你按此认真实践，你一定会成功，你相信吗？你愿意购买吗？你不要不相信，还真有这回事。

美国伯利恒钢铁公司濒临破产，当时已经焦头烂额的总裁抱着病急乱投医的心态向效率大师艾维利求助。艾维利说，如果有效，请支付给我2.5万美金。总裁想了想，答应了这个要求。

艾维利耐心地听完总裁的倾诉，然后他拿出一张白纸对总裁说："请把您明天要做的事情都写下来。"几分钟后，白纸上密密麻麻地写着几十项总裁先生要做的工作。

此时，艾维利请他仔细思考，按照事情的重要程度，从一排到六，然后从一号事开始，全力以赴，一直到彻底干净地解决了这件事为止，再做下一件，并请他每天都这样做，持之以恒。艾维利认为，在一般情况下，如果人们每天都能全力以赴完成六件最重要的事，那么他一定是一位高效率人士。

他请伯利恒的总裁自己先按此方法试行，并建议他，如果他认为有效，可将此法推行至他公司的高层管理人员，若还有效，继续向下推行，直至公司的每一位员工。

如果您或您公司的每一位员工，每一天、每一分、每一秒都在做最重要即最有生产力的事情，假以时日，可以想象会有什么成就。

一年后，艾维利收到了一张来自伯利恒钢铁公司的2.5万美金的支票。

五年后，伯利恒钢铁公司一跃成为当时全美最大的私营钢铁公司。

一般来说，效率低下有如下几个原因:

1.你不知道自己的目标是什么，换句话说，你不知道自己要做什么，在忙忙碌碌中头脑混乱，把一些重要的事情忘掉了。

策略：利用工具协助自己，如日程表或行动计划表等。前面已经说过选取六件最重要的事情去做的方法，把事情按照轻重缓急写在计划表上，全力以赴。良好的记录还可以定出更有效的工作程序，激发自信心，提升工作效率。

2.时间被浪费

策略：了解自己每天工作时间的分配，找出浪费时间的原因。到底是懈怠的情绪，还是受到不速之客的打扰；到底是职场的人际关系处理不好，还是沟通不够；或者是工作间太嘈杂，注意力难以集中。当然，不仅要发现为什么，还要搞清楚该怎么做，才能对症下药，彻底解决。

3.犹犹豫豫，拖拖拉拉

策略：不要犹豫和等待，立即行动。

每个人都是“趋利避害”的，本能地会先做“简单”的、“好玩”的事，于是，那些难啃的“硬骨头”就被丢下了。但是你要知道，没有任何工作会因为你回避它而自动消失，没有任何烦恼会因为你不去想而烟消云散。因此，不要等待，要立即行动，你没有别的选择。

笔者曾经注意到一家公司有这样一个有趣的差别。

一个员工天天加班加点，到周末也不休息，看起来公司好像是他的命根子。过度的劳累让他面如菜色，年纪轻轻就一大堆职业病。但是，仿佛他总有说不完的苦、完不成的任务，领导对他非常不满意。还有一个员工，除非公司特定安排，否则他从来不加班加点，每次都是笑呵呵地来笑呵呵地走，他的工作却完成得非常出色，每次报告给老板的都是进度和希望。

过了一段时间，前一位员工被辞退了，而后一位员工被提升为经理。

也许你认为这很残酷，但这就是事实。这两位员工最根本的差别就在于效率，效率低的在浪费公司的资源而被辞退，而效率高的能给公司创造更多利润，自然受领导赏识。在激烈的市场竞争条件下，工作效率的高低不仅是影响企业成败的关键因素，也是个人成败的关键因素。如何提高效率，是每一个职场人都应该好好研究的问题。

分清事情的轻重缓急

分清事情的轻重缓急，不但做起事来井井有条，完成后的效果也是不同凡响。次序处理好了，不但能够节约时间、提高办公效率，最重要的是还能给自己减少许多麻烦。分解难题，按照轻重缓急做出决策，全力以赴地各个突破，会让你效率非凡、成就非凡。

把问题分解是一种必备的能力，是一项提高工作效率的有效手段。

有一些问题往往以让我们恐惧的、坚不可摧的形象出现。而面对这些复杂的、看起来很难缠的问题，员工的能力如何就显现出来了。一些人会手足无措、手忙脚乱，一看到庞大的问题就先因为没头绪而打退堂鼓，无法系统、成熟地完成这个任务。一些优秀员工会仔细认真地把这个复杂的工作理清楚，并一一进行分类、分解，各个突破，完美地完成。

当然，这不仅与优秀和普通有关系，还与一个人工作时间的长短、业务的熟练程度和掌控能力的高低有一定关系。让分解难题成为你的一种技巧、一种习惯，有利于你更好、更完美地完成任务，会让你理清头绪、减少烦扰、增加信心。

获得国际马拉松邀请赛冠军的山田广义，曾经是一个默默无闻的小卒，他没有出色的身体条件，他的成功让人在羡慕之余也很出乎意料。许多记者问他是如何成功的。他说，把漫长的40多千米的赛程分解成一个个小目标，每一个目标都像百米冲刺那样拼命，不断地爆发。用持续的激情、坚韧的意志，聪明地将每个目标分解，这就是他走上冠军领奖台的原因。

就像数学上有因式分解，作战上有各个攻破一样，在现实生活中，当我们遇到难题时，也不妨试试“分解”这种办法。因为在很多时候，我们之所以感到一些难关不可逾越，正是因为我们自觉难度大、目标高而产生畏惧感。

在一次创业大赛上，主办方把一个已停产的企业搬出来让参赛者“拯救”，当然，他们事先并没告诉参赛者这是被无数专家宣布“没有翻身可能”的企业，只是宣称已经进入绝境，要求参赛者想办法让企业恢复元气。

这些参赛者认真地分析了这家企业濒临倒闭的原因，绞尽脑汁地思考着对策，终于想到一个办法。没错，他们的办法就是把这家企业面临的问题分类，分为重要的、次要的。经过一系列的分解合并，最终让各个部分都得以改善，企业居然起死回生。

事实上，无论事情有多么繁杂，只要先把问题分解掉，按类别、按质量完成自己的工作，化整体为部分，每个部分都尽善尽美，那么整体也就成功了。分解是一种极为重要的工作能力，它不仅让我们的工作更省时更省力，还可以帮我们解决那些看似无法解决的问题。

比如，火箭飞向月球需要一定的速度和质量，在以前，科学家们经过严密的计算后就失望地得出结论，火箭根本不可能被送上月球。因为火箭自身的重量至少要100万吨，如此笨重的大家伙怎么能升上太空呢？根本没有足够的能量支撑它。这时候有人提出了“分级火箭”的设想，问题终于柳暗花明起来。把火箭分级，自行脱落，减轻重量和需要的能量，这样火箭就能升空了。

学会把目标、任务、难题分解开来，化整为零，各个击破，不失为一个突破难关的有效方法。

1872年，“圆舞曲之王”施特劳斯去美国演出，当地有关团体立刻前去拜访，并提出请求：在波士顿指挥乐队。施特劳斯答应了，但当他真的看到那支“乐队”时就傻眼了。原来，美国人为了创造一个世界之最，组成了一支两万人的乐队。一个指挥家平时指挥的乐队都只有百余人，即便如此，还可能会出现混乱的状况。一支两万人的乐队，光想想就已经乱成一团了。

但是，正式演出那天，施特劳斯却让所有人大开眼界，乐队演奏如行云流水，两万人居然井井有条，观众听得如痴如醉。原来，施特劳斯是总指挥，下面还分有一百个助理指挥，总指挥的指挥棒一挥，助理指挥就开始相应地指挥，乐器齐鸣，合唱队应声而唱。

“分”是一种智慧，它能减轻人的心理压力，解决难解的问题。

控制复杂事物的技巧就是分而治之。这里所说的“分解”并不单单指把问题大卸八块，同样也要做到分清主次，按照事情的轻重缓急来解决问题，做到忙而不乱。当你的时间和精力都有限的时候，把复杂的工作分解是第一步，分出事情的轻重缓急是第二步，第三步就是按照分解出来的内容，一步一步地完美执行。这种完美的执行必须是从一而终的，如果忙了半天，前面的步骤都做得非常优秀就差最后一步，很可惜，那样你就前功尽弃了。

古人云："事有先后，用有缓急。"分清事情的轻重缓急，不但做起事来井井有条，完成后的效果也是不同凡响。次序处理好了，不但能够节约时间、提高办公效率，最重要的是还能给自己减少许多麻烦。混乱的、没条理的工作会像一层难看的茧，遮住你美丽的蝶衣——真正的工作能力。分解难题，按照轻重缓急做出决策，全力以赴地各个突破，会让你效率非凡、成就非凡。

工作中不要循规蹈矩

人是喜欢盲从的动物，前人的脚印被奉为“圣旨”是常有的事。工作上也一样，当前人尝试过以后说不可能，后来者也必须奉为“金科玉律”吗？不！要记住，经验要汲取，但是不能把自己钉死。

有这样一个故事。一个人在前进的过程中遇到一块沼泽地，他思索良久，终于选定了一块长有蔓草的地方走。谁知道刚走出十几步，就沉了下去。过了几天，又来了一个人，他也对这块沼泽地苦思冥想了一番，最后决定踏着上一个人的脚印走——毕竟有人走过这条路，结果他也沉了下去。又过了几天，来了一个乐观的人，他丝毫没迟疑就踏上了前人的脚印，毫不例外地沉了下去。

这个故事告诉我们，别人走过的路不一定是对的。

加拿大管理学家亨利·明茨伯格是最具原创性的管理大师，是经理角色学派的主要代表人物。他说：“我总是对太流行或广泛接受的东西表示怀疑。”事实上，大多数人可能都是错的，是平庸的。这里的离经叛道不是反叛一切，而是一种思考的态度，一种不盲从的精神，一种知道自己要什么而且坚持到底的执着。在炒股中，只有少数人能赚到大钱，做生意也只有少数人能赚大钱，工作中优秀的也只是少数。如果你随大流，你永远也成不了这些“少数人”。爱因斯坦在自传里写道，自己是一个离经叛道的怪人。当时牛顿力学有一些问题，大家都解决不了，但他却解决了。因为他能够在某些方面背离牛顿力学之经，叛离牛顿力学之道。

工作中需要离经叛道，哪怕大家都说这是错误的、荒谬的、不值得尝试的，你也要相信自己。

举这样一个例子。

在英国伦敦，有一家小珠宝店，因为经营不善，濒临倒闭。一个年轻人把这家珠宝店买了下来，并且发誓要获得让同行们刮目相看的经营业绩。同行们都讥讽他是“癞蛤蟆想吃天鹅肉”，年轻人苦思冥想着让珠宝店火起来的方法。

终于有一天，他的珠宝店来了一个大客户。那天晚上，店老板衣冠一新，神采奕奕地站在店门前，仿佛在恭候什么人，这引起了许多行人驻足观望。不一会儿，一辆豪华轿车缓缓地驶到了门口。车一停下来，店老板便立即走上前去彬彬有礼地打开了门。车上下来一个举止高贵的女子，她微微含笑，向行人点头致意。有人喊了一声：“戴安娜王妃！”

众人大喜，一些记者蜂拥而上，警察怕影响“王妃”活动，赶来维持秩序。店老板此时更是从容不迫，先是感谢“王妃”的光临，随后笑容可掬地带她参观。店员们按老板的吩咐，相继介绍项链、耳环等名贵饰品，“王妃”悉心挑选。

第二天，电视台播出了这段录像，录像没有任何声音，人们只看到“王妃”挑选珠宝时的喜悦和高贵，热烈的场面和珠宝店的客人们。这段录像掀起了一阵狂潮，人们争相到“戴安娜王妃”去过的这家珠宝店购买珠宝，那家本来濒临倒闭的珠宝店立刻生意火爆，一周卖的珠宝比过去几年卖的都多。

这则消息传到白金汉宫，惊动了王室家族，王室发言人立即郑重地发表声明："经查日程安排，王妃没有去过那家珠宝店。"王室向法院提交诉状，告那位年轻老板欺诈。这位已经赚得口袋满满的老板振振有词地说："无论是在当时还是电视节目上，我都没说那位小姐是戴安娜王妃，我怎么欺诈了？至于观众爱把她想象成戴安娜王妃，我有什么办法？"

这到底是怎么回事呢？

原来，1981年，戴安娜和查尔斯王子将要举行婚礼，这个举止高贵又心地善良的"灰姑娘"立刻成了全民偶像。这位走投无路的老板想到了一个妙计，那就是利用公众对戴安娜王妃以及对王子王妃婚礼的关注，导演了一出广告话剧。他找来一个长得像戴安娜王妃的年轻女子，对她从服饰、发型到神态、气质都做了煞费苦心的模仿训练。然后，他再通知记者，某天晚上会有一个"大人物"拜访……

珠宝店老板这招也算离经叛道了，谁会想到能用王室家族来做广告呢？培训一个"假王妃"来制造真王妃的效果，令人叫绝，虽然可能有些"过火"，但是效果斐然。此举大大提高了他的珠宝店的知名度和美誉度，吸引来众多的顾客，实现了预期的宣传效果，提高了销售额。

说到生意做得离经叛道，中国也有这样一例，同样是关于广告的。

天安门历来是备受瞩目的地方。1994年6月28日早上9点，"逛北京、爱北京、建北京"大型旅游文化活动正式开始。无数白鸽冲向蓝天，人们惊讶地发现，飘荡在蓝天上的12个巨大气球倒垂下来一道道长长的布幅，布幅上红艳艳的大字格外醒目——

“华懋双汇集团漯河肉联厂祝逛北京活动圆满成功！”

现场立即轰动，随之而来的就是媒体铺天盖地的报道——《漯河内陆特区报》、《河南日报》、河南广播电台、《人民日报》等媒体均进行了报道。《中国青年报》写道：“能否在天安门广场做广告，这个话题争论了好久，如今却被来自河南的一家火腿肠厂定论了。”

看看这场盛大的广告的花费吧，说来也许令人难以置信，华懋双汇集团才花了12万元，这钱连知名报纸的半个广告版面都买不下来——据说，当时相关负责人的想法是，反正也要挂气球，何不节省点开支呢。到后来，再有人想进军天安门做广告，掏几百万也拿不下来了。

看看广告效果，华懋双汇集团在1991年产值、利税仅分别为1.7亿元和463万元，是个名不见经传的小企业。自从双汇在1992年上马，1994年又成为尽人皆知的民族品牌后，华懋双汇集团的经济实力迅速膨胀，成为国家大型一类企业了。

在天安门做广告是个无人涉足的领域，华懋双汇集团剑走偏锋，获得了巨大的成功。

在工作中，我们不要循规蹈矩，不要墨守成规，不要安分守己，我们要创新、要努力、要勇敢地突破。不要和大家挤独木桥，要自己建设立交桥。毫不夸张地说，人是喜欢盲从的动物，前人的脚印被奉为“圣旨”是常有的事。工作上也一样，前人尝试过以后说不可能，后来者也必须奉为“金科玉律”吗？不！我们要汲取经验，但是不能把自己钉死。我们每个人都是独立的人，都有自己的思想和能力，一个离经叛道的办法只要能解决问题，就是好办法。

找方法要善于观察与发现

一个在生活中善于观察与发现的人往往会成为一个成功的人，而一个善于在工作中观察与发现并努力找方法的员工，往往就是最优秀的员工。

一个在生活中善于观察与发现的人，就更容易找到别人无法找到的方法，自然也就更容易取得别人无法取得的成功。

1975年8月的一天，四川省汶川县白岩村的青年姚岩松在田里劳动之余坐在地上休息，意外发现脚下有一只“屎壳郎”正推动着一团比它自身重几十倍的泥土向前爬行。这一现象引起了细心的姚岩松的兴趣，他蹲在地上仔细观察了很久，似乎从中领悟到了些什么东西。

第二天一大早，他在山坡上找到一只“屎壳郎”，用白线拴了一小块泥土在这只“屎壳郎”的身上，让它拉着走。奇怪的是，这块泥土比昨天的那块要轻，而这个“屎壳郎”却怎么也拉不动。姚岩松接着又找了好几只更强壮的“屎壳郎”来做同样的实验，情况都一样。由此，姚岩松悟出一个道理：拉比推要更费劲，能够推得动的东西可能会拉不动。

姚岩松曾开过几年拖拉机。他早就为在电影上所看到的那些各种各样的耕作机无法在又小又窄、又高又陡的家乡山地上行驶而深感遗憾。这时，他联想到，能不能学一学“屎壳郎”推土的功能，将拖拉机的犁放在耕作机机身动力的前面，而把拖拉机的动力放在后面呢?

他很快把自己的想法付诸行动。他把从山上采摘来的茅花秆一节一节地切断，用茅花秆和小铁丝制作出了一台耕作机模型。三个月过后，姚岩松耗费数千元制作的耕作机开进了田里，但它却不听使唤。姚岩松为此苦思冥想，寝食不安。

有一天，他在岷江河畔被一台推土机所吸引，他看出推土机由于机下有履带，所以稳定性强、附着性好。这时他又联想到，耕作机能否也像推土机一样装上履带呢?

几个月过后，姚岩松的第一台“履带式耕作机”终于问世，但这还不是最后的成功。又经过上百次的试验、改进，直到1992年2月，他才成功地拿出了第十台“屎壳郎耕作机”的样机。为此，他耗去了全部积蓄，并负债数万元。令他欣喜的是，他的成果获得了来自全国各地20多位专家的肯定，一致认为这种“犁耕工作部件前置、单履带行走的微型耕作机”，以推动力代替牵引力，突破了耕作机械传统的结构方式，具有实用性、创造性和新颖性，属于国内首创。

姚岩松由“屎壳郎”推土块的力量比拉土块的力量大，联想到可以将拖拉机的犁放在耕作机机身动力的前面，这是因为他想到了二者的相似之处在于“推比拉的力量更大”这一点上。他由履带式的推土机，联想到可以将耕作机也设计为履带式，这是因为他想到了二者的相似之处还在于工作过程中需要“稳定性强、附着性好”这一点上。着眼于事物之间的相似之处，是姚岩松以上联想所具有的特点。

所以我们说，一个在生活中善于观察与发现的人往往会成为一个成功的人，而一个善于在工作中观察与发现并努力找方法的员工，往往就是最优秀的员工。

第六章

突破与创新，带来好方法

工作中要勇于标新立异

创新型员工与一般员工相比，最大的不同之处就是没有那些呆板、守旧的思维习惯，所以他们才能突破发展中的种种阻碍，一路走向辉煌。因此说，要成为一个有创新能力的员工，就要想方设法打破固有的思维定式。

可以说，绝大多数人思考问题的模式、处世的方式，都会受到一定的思维定式的影响。什么是思维定式呢？就是用固定的、习惯性的思维去思考问题。德国心理学家乔格·埃利阿斯·缪勒和舒曼将这一现象称为“运动的定式”。

20世纪初，德国一批心理学家进一步发现，不单在运动感知方面有定式，人们的思维方式也在一定程度上受思维定式的支配。

人的思维定式对于创造力的发挥影响很大。它容易使我们在思想上产生防备，不再试图突破，只是沉湎其中。因为人都会有一种“熟悉的才有安全感”的感觉，这让我们的思想形成一种呆板的、一成不变的思维方式。当新问题一出现，就会下意识地去找旧问题和它对号入座，哪怕并没有旧问题与之相似，所以我们会经常走入误区。

有一个厂子，长年生产一种衬衫。随着人们生活方式的改变，穿这种老式衬衫的人越来越少，而这家厂子的衬衫销路也越来越差，几年下来，厂子里积压了不少货。当他们想要转产的时候，却发现资金严重不足，甚至连工人的工资都发不出来，工厂已经面临破产的境地了。

这时，有位年轻的技术员提议，把积压的白衬衫前后印上一些字，比如："朋友，你伤害了我""烦着呢！离我远点""退一步，海阔天空"。新潮的词语加上老式的衬衫，这种鲜明的对比让衬衫别具特色。而年轻人有求奇求新的心态，这样做，"老衬衫"有可能成为时装衫。

当时，厂子里有很多人不看好这个创意，他们认为这只是旧瓶装新酒，不会有人买，到时候还会把本来能穿的衬衫变成废品，简直是一个笑话。厂长却很看好这个想法，决定先做出来一小部分投放市场。

很快，一批印有标语的衬衫投放市场了，让人惊喜的是，这些衬衫很快销售一空。

于是，第二批、第三批印着个性标语的衬衫纷纷上市，并大量销售，一时间，无人问津的"老衬衫"变成了一种时尚服装，风靡全国。该厂积压的产品全都销售一空，当年赢利就达到几百万元。

一个有创新能力的人，往往能够标新立异，出其不意地取得胜利。

如果想要提高我们的创新能力，不妨从打破思维定式开始，做到以下几点：

（1）不要盲从大家；

（2）凡事多想自己的主意；

（3）养成多角度观察和评价事物的习惯；

（4）珍惜你的灵感火花；

（5）将创新想法付诸行动。

创新型员工与一般员工相比，最大的不同之处就在于没有那些呆板、守旧的思维习惯，所以他们才能突破发展中的种种阻碍，一路走向辉煌。

突破你的思维定式

如果我们总是用自己的思维定式去考虑问题，很多时候就会出现“山重水复疑无路”的情况。突破思维定式，用新的思路去思考问题，或许困难很快就会迎刃而解，正所谓“柳暗花明又一村”。

有一家日用品公司生产的牙膏因为物美价廉，非常受消费者喜爱，销售额连年递增。但最近两三年，企业的业绩开始停滞不前，甚至还有下跌的趋势。公司总裁召开高层会议，让大家商量到底该怎样做才能让牙膏的销量再爬上去。

有的经理说，现在牙膏市场非常成熟，竞争太激烈，想要一直居高不下，是非常不现实的。

有的经理把责任推到销售部门，销售部门经理又说是牙膏技术不过关。一场会开到半截，总裁的脸已经阴沉得快要结冰了。他猛拍一下桌子说：“我花钱请你们来不是为了听你们分析我的牙膏为什么不行，而是让你们告诉我怎么让销量上去。谁想出来对策我给谁发十万元奖金！”经理们面面相觑，苦思对策。这时，一位一直不吭声的刚提拔上来的年轻经理递给了总裁一张纸条，总裁看了一下，立刻签了一张十万块的支票给了这位年轻的经理。

那张纸条上只有一句话：把牙膏管开口扩大一毫米。

这个想法真是妙。如果牙膏管开口能扩大一毫米，每个客户每天就多用一点牙膏，所有客户加在一起，每天的消耗量将会多出多少啊！公司立即开始更换包装，在新包装投放市场后的相当长的一段时间里，公司的营业额增加了32%。

一个简单的变化，却带来了巨大的效果。

我们已经习惯了生活在同一种思维里，但生活是变化的，不知不觉，我们的思维已经跟不上时代的脚步了。而思维方式的固定，容易让我们画地为牢。条条大路通罗马，为什么不另辟蹊径呢？只要你能把思维扩大一毫米，你就会看到生活中、工作里的挑战实际上是一种乐趣，那些突发的“倒霉”事件都能迎刃而解。

现在，在电影拍摄中有一种被普遍采用的技术叫倒摄。关于这种技术的来历，谁能想到它竟然是放映员一次粗心的产物呢。

当时，电影刚问世不久。一次，在巴黎放映一部电影时，因为放映员太粗心了，给大家放映的是已经放过一遍但是还没倒过来的片子。这样，原来电影中的“拆墙”变成了一座残垣断壁慢慢地恢复成一堵完整的墙。

底下的观众乱成一团，那个放映员窘迫得不得了，赶紧把电影关掉重新播放了另一部，为此，电影院经理狠狠地骂了他一通。但是，这一现象引起了导演普罗米奥的思考，他突然就想到：这可不可以成为一种新的拍摄技术呢？

他在后面的一部电影里，刻意地用了倒摄的方法，观众从银幕中看到，跳水女郎先从水里冒出一双脚，然后倒着翻转180

度，最后再轻轻松松地落在跳板上，观众感觉非常有意思，纷纷报以热烈的掌声。

从此以后，倒摄成了电影拍摄中一种被普遍采用的技术。

我们说，从事一项科研课题的研究，错误常能使人增长正反两个方面的知识，磨炼应付各种突发情况的能力。同时，它还常常会成为向人们显示某种自然奥秘的契机，使人能够意外地发现和捕捉到某种宝贵的机会。一个人只要既不在错误面前灰心丧气，又不轻易放过它们，加上深入发掘和不懈努力，便有可能将错误转化为创新成果。

如果我们总是用自己的思维定式去考虑问题，很多时候都会出现“山重水复疑无路”的情况。突破思维定式，用新的思路去思考问题，或许困难很快就会迎刃而解，正所谓“柳暗花明又一村”。

每个人都可以成为创新天才

如果我们的心不满足现状，那么我们的头脑就能够保持快速高效的运转，千方百计解决一切“不可能”的问题。只有不满足，才有进取的动力，才有改变现状的创新结果。

“我们都是创新天才。”一个著名的创造家曾经提出这样一个理论。

相信我们每一个员工都想拥有超凡的智力，都想拥有非凡的创造力，可一旦到了真需要我们发挥创造力的时候，往往大多数人都会摇头叹息。或许你的创造力就在你这一摇头间消失了。

20世纪初，爱因斯坦从别人最不怀疑的概念入手，发现了相对论。你如果说“那是因为他这方面的知识渊博”，那就错了。要知道，他发现相对论时，年仅20多岁，只是一家专利机构的小专利员，而当时物理学界有着许多科学家，他们的知识都比爱因斯坦要丰富得多。

为什么偏偏是爱因斯坦这么一个小专利员发现了相对论呢？有人曾问过他这个问题，爱因斯坦是这么回答的：“我本人并没有特殊的天才，有的只是持续的好奇心、专心致志和顽强的信念以及将它们与自我批评相结合。”

由此看来，天才也并非天生之才，他们也要有不断创新的意识以及顽强的信念，也要通过各种方法将自己的智力潜能发挥到极限。

第二次世界大战末期，盟军的最高决策层做出横渡英吉利海峡在法国登陆的决定后，从三个可供选择的登陆地点中选中了相对较为理想的诺曼底。

但与此同时，他们也遇到了一个比较大的难题，诺曼底没有大型码头，无法停靠大型运输舰。如果把运输舰停在海上，先用登陆艇进攻，那么重型武器将无法上岸，登陆艇就容易被德军击退。

这就要求必须迅速兴建一个大型码头，可是这谈何容易。根据众人的一致经验，即使用最短的时间，至少也要一两年。此事迟迟没有进展，成了诺曼底登陆这一战略计划付诸实施的“瓶颈”。

后来美国的巴顿将军提出了一个匪夷所思、被视为异想天开的设想：像用预制件建造房屋那样，用预制件来建造大型码头。需要用的时候，只要将准备好的预制件运到诺曼底，很快就能装配出几个大型码头来。

虽然人们囿于自己的实践经验，对这一大胆的创新设想一时很难接受，但经过多次研究和实验，终于证明这是一个可行的办法。

码头的主要构件是用混凝土建造的大船，由一些很重的首尾相连的“箱子”组成，当它沉入海底后，码头能够经受住任何风浪的冲击。

在开始进攻之前，盟军用潜艇先把各种预制件运送到登陆地点，建造完水下部分，登陆后再完成水上部分的建设。用这种方法，盟军迅速建成了大型码头，这种大型码头可以供几十万人的机械化部队登陆使用。

压根儿没想到盟军能从诺曼底登陆的德国军队，在这次战役中被打得晕头转向。而诺曼底战役的成功也作为一个辉煌的军事奇迹被载入史册。

值得我们深思的是，这一创新构想的提出者并不是其他人，而是巴顿将军。在我们的印象中，将军的主要智慧大都是在打仗的时候才能够体现出来，怎么还能提出这样一个带有创造发明性质的构想呢?

这个故事说明了这样一个道理：我们都有自己看不到的创造性想法和创新潜能，只要你用心去挖掘，这份潜能就有可能被挖掘出来。

一提到天才、创造者，我们往往都会羡慕不已。可你是否想过，自己也可以是一个天才的创造者。很久以来，我们只忙着对那些发明家、创造者顶礼膜拜，却把自己也有创造的潜能这件事丢到九霄云外去了。

你应该相信：“没有什么不可能。”——我们就是天才！我们也能像爱因斯坦一样创造，如果崇尚“没有什么不可能”，就能创造出人们想象不到的奇迹。

掌握有效的创新方法

当你构建好新的目标和远景后，就要选择合适的方法和手段，这样才能保证创新的顺利实施。所谓合适的方法和手段，就是指我们一定要根据问题提出相应的解决办法，而这个办法一定要是最有效的。

麦当劳作为世界快餐业的巨头，一直被人们所熟知，而这个一直被企业界誉为没有国界的“麦当劳帝国”的“国王”便是克洛克。

其实，麦当劳也曾面临过严重的危机。作为领导者的克洛克为了解决危机，很有创意地提出了“走动管理”，也就是用60%以上的工作时间到各公司、各部门去做调查。

克洛克经过深入的调查和思考，发现公司产生危机的一个重要原因是公司各部门的经理官僚主义严重，习惯于舒服地躺在椅子上海阔天空、指手画脚地在一起聊天，把工作上的许多时间都耗费在了抽烟和闲聊上。

克洛克为此寝食不安、苦思冥想，他认为，仅仅靠发几个老生常谈的文件或者板着脸教训经理们，都不是最好的办法。

克洛克为了给经理们敲一记警钟，打击他们的惰性心理，想出了一个奇招。他向各地麦当劳快餐店发出了一份紧急指示，

“把所有经理的椅背锯掉！”并要他们立即执行。

经理们对此大惑不解，但“国王”的态度和指示是非常强硬的，没有任何商量的余地，经理们只好照办。

而他们坐在没有了椅背的椅子上后，没一会儿就得站起来走走。终于，他们慢慢悟出了“国王”的苦心，纷纷走出经理办公室，深入基层，仿效克洛克开展“走动管理”，及时地做出调整和创新，大力促进了公司的生存发展。

克洛克的变革措施虽然算不上什么“惊天地，泣鬼神”的壮举，但非常实用，确实达到了他想要的效果。

手段不分大小，只要管用就成。

有一家新成立的减肥中心，自从开张以来几乎是门可罗雀。主要原因是减肥市场的竞争实在是太激烈了。在资金不足的情况下，减肥中心又不能像大型减肥美容公司一般大做电视、报纸广告，知名度不够，上门的客人自然就少了。

这可把减肥中心的老板急坏了，每天花费不少，钱却没赚多少，眼瞅着口袋里的钱被这冷清的生意给吞掉了，这可怎么办啊？这一天，老板站在门口盯着来来往往的路人，痛苦地想着，难道自己辛辛苦苦张罗起来的减肥中心就要关门了吗？

忽然，一个念头跳进了她的大脑，她眼前一亮，就开始忙碌起来。

两个星期之后，这座城市多家报纸都刊登了这样一则广告：“美美减肥，胖子进去，瘦子出来！速度快，效果明显！本店郑重承诺，在美美减肥中心你看不到一个胖子出来，欢迎每天都来印证，如果有胖子从大门走出来，本减肥中心赠奖金五万块。”

当然，这个广告不仅被刊登在报纸上，还被印在传单上四处发放。广告吸引了很多人，有好奇的，有真想减肥的，美美减肥中心一下子门庭若市。而且确实像广告所说的那样，每天由大门走出来的都是瘦子，见不到一个胖子。

有些想找碴儿的人特意找了几个胖子，哼，让这些人进去，再马上走出来，看你怎么说！但还是没有一个胖子出来，这是怎么回事呢，人们暗暗纳闷。

其实，原因非常简单，玄机就在出口那里，聪明的女老板把大门改装成两个不同的出入口。在外面看，出入口的大小形状都一样，但是在出口的内层，加装了两道粗钢管，如果你想要出去，必须侧身从两道钢管中间穿过去，才能到达出口的大门。两道钢管的中间只能容纳一个侧过身的瘦子穿过去，胖子如果不想成为“卡门”，就要乖乖地从减肥中心后面的小门走出去。

美美减肥中心的生意火了，女老板美美地赚了一大笔。

说到成功的原因无外乎那几个，一个是好奇的群众来推动声势；二是人们在门口看不到胖子，就好奇地进入里面，当他想出来时，能出来的瘦子自然是开心地出来了，那些不能出来的胖子再一次加深认识：我该减肥了。在这种情况下，宣传人员绘声绘色的解说显得更有效果。当然，最重要的还是女老板别出心裁的点子，据说这个新奇的点子引起了多家媒体的报道，给这家减肥中心做了免费广告。

试想，这家减肥中心如果没有后来这种别出心裁的创新思路，在与大型减肥美容公司的竞争中是注定要失败的。是创新让它得以生存和发展下去。这个道理同样适用于其他任何一个中小企业，当然也包括大企业，如果不能够保证企业持久的创新力和竞争力，就很可能被淘汰。

当你构建好新的目标和远景后，就要选择合适的方法和手段，这样才能保证创新的顺利实施。所谓合适的方法和手段，就是指我们一定要根据问题提出相应的解决办法，而这个办法一定要是最有效的。

后来者可以居上

作为一个出色的员工，不能只满足于看到自己的企业站立稳当，将别人的步伐学得扎实，更要以主人翁的精神，通过创新使企业不断进步。因为只有这样，我们的组织才能在真正意义上存活下去，才能有飞速迅猛的发展，才能有永不落后的优势。

你能想象一个企业，从原本处处都要依赖国外的技术，到有了自己过硬的技术，再到把自己的技术返销给国外吗？

一个原本依赖国外技术的企业，通过不断地创新发展，竟然让国外企业花了100多万元向自己买技术。

这样天翻地覆的差异，实际上就是我国上海宝钢所创造的。在宝钢建设初期，国内冶金技术水平和国际先进水平之间存在着很大的差距，所有的设备基本上都是从国外引进的，国产设备仅占12%。

在这样一种技术水平非常落后的情况下，要想创新是非常难的，宝钢人已然意识到了创新的重要性，他们认为，创新再难，也势在必行。

首先，宝钢集团成立了技术创新委员会，那些重大科技奖的获得者在申请入会的时候，必须有发明专利，该举措使宝钢在体制上取得了重大的突破。

宝钢集团科技发展部一位高级主管这样说：“技术创新里程累积制，即‘铁马制’，进一步激发了科技人员的创新积极性。2005年，宝钢还首次评选了专利金奖和专利实施奖、专利创意奖，有力地推进了知识产权工作。”

在多年以前，宝钢在引进一台发电机组时，采用了法国阿尔斯通公司独创的技术，但这“外来的和尚”并没能念好经，机组投产后，出现了严重的问题，给宝钢带来重大的损失。怎么办？

自己没有相关的技术，从国外引进的技术又存在着严重的问题，该怎么办呢？在困境中，宝钢不但没有倒下，反而坚强地站起来，走在了时代的前头。

宝钢投入精兵强将开展技术攻关，负责攻关的两位高级工程师，在外方没有提供说明书的情况下，迎难而上，终于取得了技术上的胜利。结果如何呢？阿尔斯通公司花费了100多万元人民币把宝钢的技术买了回去，将其移植到存在同样问题的国外同类机组中。

这一戏剧性的结果既出人意料，却又在情理之中。从一个只能买别人技术的企业，到一个把技术返销给别人的企业，其间的飞跃，如果没有集团的创新力，是绝对无法实现的。

现在，我们国内的很多企业往往是这样一种情况，自己没有技术，便去引进技术，当技术不适应时代的要求被淘汰后，再去引进更新的技术。就这样，很多企业都陷入了一个引进、应用、淘汰、再引进的恶性循环中。

这些企业虽然看到了技术的不断变化，也跟着最先进的技术在变化，比那些连变化都看不到的企业要强很多，但它们永远只能是跟在别人身后一路小跑。

就像我们上面所说的宝钢，在建设初期也是如此，但宝钢在消化、吸收的基础上，坚持走上了开放式创新的道路。

我们都懂得学步的道理，从单纯的模仿学步开始，我们的组织就在一步步地成长。而作为一个出色的员工，不能只满足于看到自己的企业站立稳当，将别人的步伐学得扎实，更要以主人翁的精神，通过创新使企业不断进步。因为只有这样，我们的组织才能在真正意义上存活下去，才能有飞速迅猛的发展，才能有永不落后的优势。

科技进步和技术创新是企业的灵魂，以知识产权为主线开展科技工作，是企业达到国际化水平，增强国际核心竞争力的必由之路。

现在，宝钢的自主创新能力已大大提高，已成为世界五百强企业行列中的一员。

核心竞争力靠引进是得不到的，自主知识产权必须靠自己去创造。宝钢的经验，是值得大家借鉴和参考的。

再来看服装行业。这是一个竞争非常激烈的行业，在香港更是如此。有家地处偏僻小街的个体服装店，虽然有两个门面，而且品种够多够全，价格也适中，但就是销售量上不去。原因无外乎两个，一是香港服装业同行多，竞争太激烈了，这显然是服装行业全都面对的窘境。另外一个原因就是其地点偏僻，服装店知名度低。要想让生意兴隆，必须想办法找到个赚人眼球的好办法。这家店的老板挖空心思、绞尽脑汁，终于想出了一条计策。

过了几天，香港的几家报纸同时刊登了一则广告："想成为贵族吗？来吧。仑美服装店特引进一批豪华男女装，由全球顶级设计师亲自设计，一经穿上，定能让您拥有贵族风度。每件价格六千元至七千元，每件都是独一无二。"

这就像一颗炸弹，让习惯了高消费的香港人也惊愕万分，对这些超豪华的服装颇感兴趣。为了一睹"贵族服装"的风采，众多香港人都纷纷拥向仑美服装店，甚至一些导游还会特意把这里标为一景，把许多游客领到那里。原来冷冷清清的仑美服装店顿时热闹起来，甚至那个偏僻的街道，人也慢慢多起来。

在那位老板的安排下，那家服装店早就已经布置得金碧辉煌，店堂的一边布置着超级豪华的衣服，人们啧啧赞叹。果然不是虚的，那真丝手工绣花女裙，男士西服，甚至连配饰都美得很，的确是超高档服装。但是无论如何，这些衣服也不值六千块啊！观光者有些怀疑。六千块，即使对那些收入不错的香港人来说也不是个小数目，于是大家一拥而来，又纷纷退去。而就在这家店铺对面的橱窗里，挂满了许多仿货，和那家金碧辉煌的仑美服装店的衣服几乎是一模一样的，用料和做工可能稍微差一些，不仔细一点都看不出来。大家刚过完眼瘾，可能还有些人在遗憾中，当大家被吸引过来以后，看到几乎相同的服装，价格却只卖到两三百块，购买欲顿时被激发出来。带些仿制品回去，也不枉来此一趟嘛，于是，这些豪华服装的仿制品很快脱销。最高纪录达到了每天两千多套，名不见经传的对面小店也名震香港服装界——它创造了服装界的奇迹，大大超越了其他服装店。

创新者，后来居上。

创新就是拯救财富

世界发展得越来越快，许多事物都会被超越，旧发明会被新发明所代替，旧机制也会被新机制湮灭。一个人，只有自主创新，才能避免那些不必要的损失，推动事业的发展。

世界发展得越来越快，许多事物都会被超越，旧发明会被新发明所代替，旧机制也会被新机制湮灭。一个人，只有自主创新，才能避免那些不必要的损失，推动事业的发展。

以趋势科技公司的董事长张明正为例，他之所以能够成为事业的成功者，时代潮流的引领者，最主要的原因就是，面对时代的发展，他能够坚持创新，而且不是一次创新，是始终如一地坚持主动创新。

张明正认为："创新就是拯救财富。""要创新，不相信什么比相信什么更重要。"

他的创业过程是一段不断自我挑战、不断创新的经历。

早期的趋势公司开发针对磁盘杀毒的软件。当互联网普及之后，许多的病毒通过电子邮件传播，趋势公司便把杀毒工作改到发邮件的源头进行。

这一新的防毒技术让趋势公司从卖防毒磁盘给一般消费

者，大胆转型为卖防毒系统给因特网服务提供商（ISP）和各大企业。趋势公司一下子打开了局面，增加了销售收入，走上了快速成长的道路，并于1998年在东京证券交易所上市，隔年在纽约纳斯达克上市，从此跃上了国际舞台。

2003年，趋势公司遇到了行业的低谷。网络病毒在全球接连发作，亚洲又遇到非典疫情，很多公司都深受其害。在这个大趋势下，趋势公司的业绩也跟着下降，张明正和趋势公司的员工对此都束手无策。

正当张明正对此深感头疼时，猛然间，他从非典的隔离治疗中得到了灵感。

现在的计算机病毒发生频率高，把每一个病毒找出来再消灭，既耗时间，又耗成本，而且客户也往往等不及。不如在最快的时间内把中毒区域隔离以避免损失继续扩大，让其他未受感染部分能继续工作，这才是更务实的对策。而且，网络病毒的传输途径太多，在传输过程中还会复制，仅靠软件已不能够完全应对，必须和硬件联手，使得网络传输的每一个环节，都具有拦截病毒的功能。

2004年6月，趋势公司和网络设备的龙头企业——思科公司宣布，把趋势软件写进思科路由器的操作系统。这对张明正来说是一次大胆的转变，趋势公司从一家专门的软件生产厂商变成了“软硬兼施”。按照张明正的说法，公司是从一家只会生产软件的公司变成了一个为客户管理风险的公司，“客户的电脑系统，我们来负责”。

紧接着，趋势公司把下一个目标定位在了手机防毒软件上。2004年，趋势公司把位于德国的手机软件中心关闭，将该中心搬到中国南京，并把编制扩大到200人，以中国这个全球最大的手机用户市场做出发点，取得了巨大的成功。

从表面上看，张明正只是在技术上开展了主动创新，但从产生的效果来看，张明正创新的不仅仅是技术，更是公司的发展策略。

创新让你反败为胜

无数的成功者告诉我们，创新的确能给组织带来实实在在的飞跃。只要能够坚持创新，即使遭遇困境，也会令你反败为胜。

任何企业在发展的过程中，都有可能遭遇失败。但是，只要这个企业具备创新的能力，就能够渡过难关，反败为胜。

几年前，长虹集团因为急于打开海外市场，在国外选了一个负责销售的合作伙伴。长虹在未经多方考察的情况下，轻信了对方，结果光发货却收不到货款，被对方骗走了几十亿元。长虹原本是家电行业的领头羊，在经历了这一事件后，大伤元气。许多人都断言：长虹不行了。

出乎人们意料的是，到了2005年第3季度，长虹的主营业务收入为102.4亿元，同比增长32.35%；净利润2.6亿元，同比增长高达220.07%。

那么，长虹是如何走出困境创造这一奇迹的呢？长虹的领导人给出的回答是：坚持不懈地进行创新。

长虹对创新的理解是，要善于学习，博采众长，在引进、吸收国内外一切先进的经营管理理论、体系和先进技术的基础上，勇于创新，创造出具有自我特色的一流管理、一流技术、一流产品，创造世界名牌。现在的长虹已经确定了自己的技术创新战略——以市场为导向，自主创新为主，技术引进为辅，立足应用技术，突破核心技术。

首先是技术自主创新。

《长虹报》有一篇评论员文章，标题是“技术为本，创新为魂”，这篇文章阐述了长虹对如何实现技术领先的认识。

然而，技术创新不是闭门造车、纯粹意义上的自我创新，模仿学步是创新的开始。在长虹看来，中国企业与国外同行的差距主要在核心技术领域。要迎头赶上，缩小差距，必须学习同行的先进技术。

其次是进行概念“更新”。

在推广方面，长虹提出了“空气品质专家”的概念，充分表明了自己产品的优点和特色。这种概念也让消费者耳目一新，能更直观地感受长虹的品质，也更激起他们的购买欲。

第三是进行渠道创新。

长虹除了在大卖场进行销售外，网络也成了另一个销售渠道。除此之外，长虹还瞄准了三四级市场，从而完成了在国内完整的产业布局，迅速提升了其市场占有率。

创新是灵魂，是企业发展的核心动力。“数字长虹，创新未来。”长虹正在以开阔的胸襟迎八面来风，以务实的作风建立推动创新的机制，长虹正在以“创新”二字重振雄风。

无数的成功者告诉我们，创新的确能给组织带来实实在在的飞跃。只要能够坚持创新，即使遭遇困境，也会令你反败为胜。

创新只有重点，没有终点

创新绝非一劳永逸的事情。今天的创新，很可能会成为明天被超越的对象，我们绝不能抱着原有的“创新”不放，必须长久而持续地挖掘新的创新增长点。

亚马逊的总裁贝索斯说：“没有一项科技能够保持永久的领先地位，同样，没有一项创新可以使你保持永久的优势。”

从根本上来说，人类也总是喜欢新奇的东西，只有创新，才能吸引人。持续创新不仅是一种策略，也是一种基本需要。

今天，世界上很多大型企业的成就就来自持续不断地创新，韩国的三星公司就是其中的一员。

提到三星公司，你可能会立即想到三星的电子产品，其实三星电子公司只是三星公司的一个子公司。而且，最初三星公司的产品跟电子产品根本没有任何关系。

三星公司在成立之初只是将朝鲜半岛出产的干鱼、蔬菜和水果出口到中国东北地区和华北的部分地区的市场。后来，它的销售活动主要集中在面粉和糖果机器上。

1945年，朝鲜半岛摆脱了日本的占领，但是三星公司的经济环境仍不稳定，随后爆发的朝鲜战争更给经济的发展带来了严重的影响。

三星公司的宏伟蓝图是重建韩国经济。1951年1月，三星公司迈出了第一步，改变了原有的产品结构，进军了制造业。三星开始用本国生产的产品代替进口产品，为公司寻求新的出路，也适应了当时韩国对于工业产品的需求。

在经历了1960年的革命和随后的军事政变以后，三星公司作为新兴的财团，逐渐扩大了经营领域。公司决定在未来进入五个战略性的关键领域——电子、化工、重工业、造船和航空，并成立了五个相应领域的公司。

1969年，三星公司创立了三星电子公司。董事长李秉喆认为，电子产业是一个技术密集型行业，而且是需要专业人才的高附加值行业，在国内及国外的发展潜力都很大。

这次具有划时代意义的创新产品结构转型，为三星公司的发展注入了新的活力，带来了巨大的潜力。

起初，三星公司的目标是对主要产品进行大规模的生产。为了达到这个目标，三星开始生产仿造产品，许多都是以日本竞争者的产品为基础。

1970年，三星电子与日本制造商三洋公司合作生产了它的第一批黑白电视机。1971年，公司开始转向国内市场独自生产，并于1972年开始出口产品。随着第一台彩色电视机的出口，1978年，三星公司的出口额突破了1亿美元，成为世界上最大的彩色电视机制造商。

虽然已经取得了不小的成绩，但是三星公司并不满足于替别人加工产品的角色。20世纪80年代，三星电子公司在美国圣克拉拉和日本东京设立了研究开发中心，凭借着所开发的

16MDRAM芯片，在世界半导体制造商中排名第13位。

1993年，刚刚进入手机市场没多久的三星公司，年销售额就达到了400亿美元。

在进行了几年的技术模仿后，三星公司的董事长李健熙意识到，公司进步的唯一途径是从技术的跟随者上升为技术的领导者，而这种转变只有通过在所从事的每个领域内都进行不断创新才能够做到。

“便宜快速”的生产已经成为过去，要想获得长久持续的成功，除了已具备的现有在半导体技术、机械、精加工和大规模生产方面所具有的优势以外，企业还必须具备品牌力、物流和知识产权管理的能力。

而具备这些因素最为关键的是，必须在工作方法和思维方式上进行创新。三星公司必须“以顾客和市场为导向，开发和积累新技术”。

三星公司要实现自己的远大志向，只有恪守“处处创新，时时创新”的创新理念，才有可能成为世界第一，成为行业的领头羊。

1993年，三星公司设计了新的企业标识，制定了新的经营策略，后者意在总结过去的经验和教训，回顾公司是怎样一步步走向世界的。

三星公司开始追求全面的质量驱动和世界最佳战略。在随后的七年中，三星公司果然从质量的竞争者转变成了拥有大量技术的领导者。它随后生产的所有产品总是在某一方面具有创新意义，并且处于世界领先的地位。

三星公司把创新当成永久策略，在创新发展中提升了公司的实力，扩大了公司对风险的抗击能力，成功地渡过了1997年的经济危机，在《财富》排行榜上的位置由2000年的第139位飙升到2005年的第39位。

现如今，三星公司继续谱写着一曲曲创新的宏伟乐章，并且将广泛促进创新作为公司成长的主要手段和不断完善的驱动力。

我们从三星公司的发展过程中可以很清楚地看到，创新绝非一劳永逸的事情。今天的创新，很可能就会成为明天被超越的对象，我们绝不能抱着原有的“创新”不放，必须持续而长久地挖掘新的创新增长点。

因此，作为一位与时俱进的创新型员工，你必须充分地认识到：创新只有重点，没有终点。创新应该是一个不断发展的过程，你要把自己的一时创新转变成持续创新。

创新，才能立于不败之地

一个人要想取得成功，有大的发展，就必须去创新，努力做到“人无我有，人有我新”。只有这样，你才会立于不败之地。

或许，在十几年前，我们还常常能够听说某个大腹便便、不学无术的人在老天的眷顾之下，没有经过多少努力就成了腰缠万贯、令穷人羡慕的暴发户。

而在当今这个科技与知识爆炸的时代、公平竞争的时代，天上掉馅饼的机会恐怕越来越少了。有很多人想通过买彩票中大奖，但要知道，中彩票发意外之财的机会也只是百万或千万分之一。客观地说，我们绝大多数人要想有所成就，就必须通过自己的努力来实现。而光努力也是不够的，还必须要创新，要具备别人不具备的本领，这样的话，你的成功将指日可待。

有一个年轻人非常聪明，大学毕业后他没去任何公司，而是决定自己创业。当时他没多少钱，都不上学了，更不好意思向家里伸手，算是白手起家。但他凭借着灵活的头脑，在短短几年内，就建成了自己的公司，而且公司发展稳定，运行良好。

他是怎样赚到第一桶金的呢？

在开始的那一年，他几乎每天都在马不停蹄地找商机。

“灵感源于汗水”这句话一点也不错，他终于打听到一个刚成立的厂子，那里制造了一大批收银机，厂长正在因为市场销售问题烦恼。他马上找到那个厂长对他说：“如果你愿意向我购买电子原料，我就订购你的一批收银机。”老板一听，电子原料自己的厂子也用得上，而且自己正在为这一堆库存发愁呢，有人买，何乐而不为呢。

接着，他迅速跑到一家在不断建分店的超市，对一位部门经理说：“如果你愿意买我的收银机，我就长期和您订购饮料和矿泉水！”

部门经理一听，可以啊，反正自己新开的超市也必须得用收银机！这买卖好。他订购了一大批。年轻人又跑到一家大型电子原料供应厂，找到负责人说：“如果您能让我在这里销售饮料，我就向您订购一批电子原料。”老板一听，让工厂里的人从外面买饮料改成在厂里面买饮料，用这个机会居然还能卖一批产品，这可真不错！他开心地点头答应了。

年轻人长期从超市买饮料，并把饮料卖到电子原料厂和收银机厂，同时，他将电子原料厂的原料卖给收银机厂，再将收银机卖给不断扩建的超市。就这样，年轻人从几次“倒卖”中赚了一大笔钱。这让他的事业有了一个良好的开端。现在他的公司已经涉及电子产品、食品业等多个领域，公司运行得非常棒，从最初自己是自己的老板发展到现在，他的手下已经有一百多个员工了。

不得不佩服他那善于创新的头脑。

一次，江南春在等电梯的时候，注意到电梯门上贴着一张舒淇的海报。江南春非常喜欢舒淇，正想仔细欣赏一下那张海报的时候，电梯来了，江南春不得不走进电梯。在电梯门关上的那一刹那，他突然迸发出一个灵感："有多少人像我一样，在这个封闭的空间里看不到自己想看的东西呢？"这是人们不方便之处，别人的麻烦就是我们的商机。而在等电梯的时候也是如此，大家都非常无聊，只能干瞪眼，这时候如果在墙壁上设置个屏幕，播放点内容，肯定会有很高的"收视率"。

江南春没有迟疑，回到公司就开始动手操作。现在，他已经成功地实践了自己当初的创意，在很多城市都可以看到江南春公司设放的楼宇电视广告，而江南春的公司现在也已家喻户晓，成为传媒界的一朵奇葩，那就是分众传媒。

这的确是一个非常好的创意，对于等候电梯的人来说，楼宇广告为大家排遣无聊；对于所投放的楼宇而言，能把空间充分利用起来，赚取不菲的收益；而对于广告客户而言，投放广告有针对性，而且，因为"收视率"高，广告效果更好；对于江南春自己而言，他得到了丰厚的利润回报。

因此我们可以说，一个人要想取得成功，有大的发展，就必须去创新，努力做到"人无我有，人有我新"。只有这样，你才会立于不败之地。

第七章

解决问题，方法多多

学会“换个地方打井”

换个地方打井告诉我们要心胸开阔，脑筋灵活，不固执己见，不把死理当真理。转移思路，许多原本看来不能解决的问题可能会轻而易举地被解决。只要我们灵活一些，学会“换个地方打井”，哪怕只是一口很小的“井”，都可能得到甘甜的成功之水。

在工作上，需要执着但不要固执，不要做无谓的坚持，不要一条道走到黑。你要知道，身边到处都是路，条条大路通罗马，只要你能换个思路，开动脑筋，你就会发现成功在向你招手。

就拿打井来说，在一个地方打井，一直不出水，这个时候如果你只是告诉自己要坚持不懈，而那个地方根本就没有水，那么坚持不懈就是愚蠢的浪费。放弃这个固定的思路，多元化地思考不失为一个正确的方法。与其在一个地方努力，不如去一个更容易出水的地方打井。

换个地方打井，不断地探索其他可能性，才能让自己更有创造力。

很多成功者都说，要把企业做大做强，就要有“专攻”和品牌项目，但理查德·布兰森可不这么想。他17岁起家，是当今世界上最富传奇色彩和个性魅力的亿万富翁之一，英国女王授予他爵士头衔。他确实没有“专攻”，但他旗下的产业各个都是品牌，他创造了一个崭新的商业模式，他创建的维珍公司，触手简直无处不在，从唱片到航空、铁路、电信、大卖场、婚纱、影院、金融服务、可乐……维珍提供的产品和服务基本上涵盖了人们生活的方方面面。

布兰森说自己的公司是跟在大企业后面抢食的小狗，可是这个小狗非常厉害。维珍是英国最大的私营企业，旗下有近200家公司。

美国有个年轻人去西部淘金，到了那儿才发现淘金的人比金子还多，他好不容易圈定了“地盘”想要大干一场，结果几个凶神恶煞般的大汉走了过来，声称这是他们的领土。换个地方淘金大抵还是如此。这个年轻人没有沮丧，也没再换地方淘金，他悉心观察周围的环境，发现淘金的人非常多，但是淘金地点一般都非常干旱，缺少水源。忙着淘金而忍受饥渴的人很多，甚至有很多人因为饥渴而死。

这个年轻人突发奇想，虽然淘金的希望十分渺茫，但找水的希望还是很大的，挖金子倒不如卖水。他停止了淘金，开始去寻找水源，拉水到淘金地点，卖给那些淘金的人。在当时，这个年轻人在淘金地点却不挖金子，与那些因淘金一夜暴富的人相比，他确实有点“傻”。很多人都嘲笑他，但他一如既往。

结果几个月后，大多数的淘金者空手而归，而这个年轻人在很短的时间内卖水挣了6000美元，这在当时是相当可观的。

世界上之所以有那么多人一直庸庸碌碌，不是因为他们没能力，也不是没耐力、不努力，而是因为他们没有动脑筋。他们每天都在千篇一律地劳作，固定的思维模式，机械化的程序，创造性的思维得不到锻炼就开始慢慢萎缩。而这种规范雷同的思维让人无法脱颖而出，毕竟成功者只是少数人。其实在很多时候，只要你稍微改变一下自己的思维结构，就会解决许多原本麻烦的事。

美国有一个收藏家在收藏初期经常“一掷千金”收藏名品，过了一段时间，他的资金开始周转不灵。如果他想继续收藏这些“名品”，还要出大价钱，那肯定要和银行、高利贷借钱。但是这个收藏家换了条路——他开始收藏名家的“劣画”。事实证明，他是一个非常有眼光的人，这些劣画不仅便宜，而且容易收集，短短一年他就收集了300多幅。大家一定在想，劣画有什么用呢？能卖出去吗？

答案是肯定的。

这位收藏家开始在各大报纸上刊登广告，他决定举办一期名家劣画大展，目的是让人们能更珍惜名画，更好地辨别名画。这个画展空前成功，四面八方的人赶来，争先恐后地去参观他们所仰慕的大师们的劣画，更有人不惜重金把画买回，而这位收藏家也名声大噪，成为收藏界的知名人士。

“换个地方打井”是人们从无数的事例中，从失败的教训和成功的欣喜中总结出来的，它教育人们不要不撞南墙不回头，不要一条路走到黑，不要等事情已经无法挽回的时候再想回头。“换个地方打井”告诉我们要心胸开阔，脑筋灵活，不固执己见，不把死理当真理。转移思路，许多原本看来不能解决的问题可能会轻而易举地被解决。只要我们灵活一些，学会“换个地方打井”，哪怕只是一口很小的“井”，都可能得到甘甜的成功之水。

逆向思维的方法

不论事情大小，我们都要开动自己的脑筋，运用逆向思维的观念，多层次地思考。不要因为事情小、关系不大而忽视它，如此才能做任何事情都容易成功。

在台北市的泉州街街头，靠近原美国文化中心的地方，有一位卖福州干面的小摊贩。他每天的营业时间很短，但是生意却非常兴隆。那么这个小摊贩有什么经营秘诀呢？

这个面摊不大，紧靠在一间破旧而且已废弃的房舍的墙边。面摊看起来很陈旧，不过与斑驳陈旧的墙壁并列而放，倒有点儿复古的味道，也很协调。在面摊旁边只摆了三张可折叠的小桌子，可是用轻便铁管做的圆椅子却有很多，在整体上来看，让人觉得麻雀虽小，却是五脏俱全，它的特色是简单、轻便、朴实、便于搬移等。

这个小面摊所卖的东西并不多，就是福州干面与两三种汤而已，上门吃早餐的客人可选择的菜也不多，只能吃一些简单的面与汤。

小面摊除了老板以外，还有老板娘和另外一名妇女。

从他所站的位置，与煮面汤所需的锅、碗、面、蛋、汤品、调味料等摆设的位置来看，都是很有讲究的。能够用来煮面汤的场地面积不大，可是每个用品所摆的位置都恰当、顺手。例如，他将盛面汤的碗排列整齐甚至堆叠至两层高，以便量多时盛面汤使用。这些虽然都是细节，但是可以让老板在煮面汤时的作业流程更加顺畅、快速与方便。

这个面摊的许多特色，在别的地方是无法看到的，这也更加突显出面摊老板的逆向思维。譬如，他所卖的面汤式样简单（化繁为简），面汤价廉物美（物超所值），煮面的速度快不用久等（高效率），站着端着碗吃面的人要比坐着吃面的人多（不占空间），吃面的桌子少、椅子多（因为营业场地有限），椅子不是用来坐的，它是给客人用来当作小桌子放面汤吃面用的（善用资源），来吃面的客人三教九流都有，但是以计程车司机较多（口味大众化）。

老板在工作的时候非常认真与专心，除了跟老板娘就客人所点的菜单做确认与复诵之外，绝大部分时间都是在默默地安排每回的面汤作业。工作台面不大，但是可以看得出来井然有序与善用空间。而快速与高效率让他面对早晨一批又一批拥进来的客人，能够在很短的时间内让每一位客人都可以享用到热腾腾的面汤早餐，因此在那儿吃面可以不必久等。物美价廉，也是面摊客源广增的原因。

这个面摊仅用一日之中的几个小时，却获得了时间与经济上最大的收益和产值。为了达到这一目标，面摊的老板必须做一些需求与满足上的调整及突破，其所运用的方法具有许多逆向思维观念，例如，事前的规划、由繁化简、时间与高效率的要求、善用有限资源、最佳的营业收益、最大的时间产值等，所以他的面摊才经营得如此成功。

现在我们试着将他成功的地方以逆向思维的角度来逐一分析与探讨。

第一，他用逆向思维的“由繁化简”的基本观念，简化餐点种类。他把自己的面摊定位在传统早餐形态中的中式面类速食，以福州干面为主，荷包蛋汤为辅。为了充分且有效地利用三个人的工作时间与分工合作的效率，面摊上除了面汤类之外，其他的小菜都不卖，以减少事先的准备工作量和开市后在客人点菜与计价上的麻烦。这种方式使每一位客户的用餐时间大大缩短，无形中提高了营业收益与客人的流量，有效地提升了单位时间的产值。

第二，他以逆向思维的创意观念，突破了场地受限制的问题。为了突破场地的限制，他以创意的观念不去增添桌子，而改为增添铁质圆形椅子让客人用，来取代桌子之不足。至于客人要把它当成椅子还是小桌子，那就让客人各取所需好了。

第三，他以逆向思维的突破观念，解决了对他不利的环境因素的影响。独特的风格、求新与求变、突破场地的限制与缩短客人用餐等候的时间等，这才是让他得以解决种种不利因素、客源不断的原因。这家小面摊与众不同的地方也让它逐渐有了名气。

以上所做的分析，正是我们逆向思维里的原动力（需求、满足、突破与成就感）。在刚开始的时候，这家面摊很可能并不是以这样的方式经营的，也许面摊的老板经过无数次的学习、检讨与改进，才有现在的作业模式，所以学习是增进逆向思维能力的最佳方式。

由这个小面摊得到的启示是：不论事情大小，我们都要开动自己的脑筋，运用逆向思维的观念，多层次地思考。不要因为事情小、关系不大而忽视它，如此才能做任何事情都容易成功。

举一反三，触类旁通

能举一反三、触类旁通的人才是真正的聪明人，历史上许多重大发明，科学上的重大发现，都是因为能举一反三。在工作中也能举一反三的话，会让你弯路走得更少。虽然不一定很可靠、很精确，但富有创造性地举一反三，的确能让人更加自信、更加出色，往往能够创造奇迹。

用举一反三的方法来解决问题，就是教我们用已有的知识、经验，来和陌生的问题做对照，寻找相似点，从而解决问题。

举一反三这个成语来自大圣人孔子，他对他的学生说："举一隅不以三隅反，则不复也。"意思是说，举出一个角为例来告诉学习的人，而他不能推断其他三个角如何，就不用再教他了，因为他不用心思考。后来，大家把这个典故引申到学习和工作中，指的是学习或做一件事情，要学透，要灵活思考，这样，就可以运用到其他类似的事情上了。

从古希腊时代开始，医生一直都把耳朵贴在病人的胸口来倾听病人的心脏，直到1819年才有了听诊器，发明者拉埃内克是一个非常内向腼腆的小伙子。一次，一个年轻貌美的姑娘来到他的诊所说心脏不舒服，但拉埃内克太害羞了，他不敢把耳朵贴到女病人丰满的胸部。这时，他突然想起一个场景，两个小孩玩游戏，一个小孩敲木头的一端，而另一个小孩把耳朵贴到木头的另一端就能听到，尽管当时那个小孩敲得非常轻。拉埃内克突然灵机一动，他抓起一沓纸，把纸卷成管状，然后把纸卷的一头放在女病人的胸部，他则在另一端倾听。让他兴奋的是，他听到了以前从未听到过的心脏清晰的搏动声。长久困扰着他的诊断问题迎刃而解了！于是，听诊器诞生了！显然就在一瞬间，一个卷起的纸筒使临床医学向前迈进了一大步。后来，他又用木料代替了硬纸做成了单耳式的木质听诊器，后人又在此基础上研制了现代广泛应用的双耳听诊器。

能举一反三、触类旁通的人才是真正的聪明人，历史上许多重大发明，科学上的重大发现，都是因为能举一反三。在工作中也能举一反三的话，会让你弯路走得更少。虽然不一定很可靠、很精确，但富有创造性地举一反三，的确能让人更加自信、更加出色，往往能够创造奇迹。举一反三是一种联想，是创新的重要表现。比如牛顿能从苹果落在地上联想到地球是有吸引力的；法拉第用拉长的橡皮类比联想两个磁极间的吸引力创立了场的概念；著名的德国化学家凯库勒在梦中看到一条蛇咬着它自己的尾巴绕着圈急速旋转，由此发现了苯环结构。爱因斯坦的相对论也来源于他的一次著名想象实验。他假想沿着一条光柱到达外太空的同时，自己面前始终有一面镜子。爱因斯坦说："我从不带着语言思考。"几个世纪前的亚里士多德也总结过："没有影像的思考根本是不可能的。"

在工作中，如果我们要做出一个有突破性的方案，我们该怎么办？我们能异想天开吗？我们能胡思乱想吗？我们能想出一些离题十万八千里的方案吗？不可能，我们的思想必须围绕眼前的工作来思考。我们可以跳出习惯性思维，但是究其根源，还是要从这些“习惯性思维”发散、联想、深化，最终找出最合适的解决方案。

侧向思维，迂回前进

走一条在别人看来很不理解，甚至没必要的道路，没准儿那就是通往成功的秘密通道。侧向思维，虽然走的不是"正路"，面对的不是主要问题，但效果可能比硬冲上去更好。

侧向思维和正向思维不一样，正向思维是指遇到问题，直接从正面相对。而侧向思维不同，它是指从事情的某个侧面，甚至某个点、某个次要的地方多做文章，这样往往会有意想不到的办法。

有句成语说得好："它山之石，可以攻玉。"当我们遇到困难的时候，发现常规的方法用不了，或者说用常规的方法太吃力，我们可以尝试用侧向思维。侧向思维可以帮助我们创新。要想掌握侧向思维，不妨多问，这件事除了用这个方法来做，还可以用别的方法吗？别人能干的我能干吗？别人想做但做不到的我能做到吗？其他行业、专业的做法和思路我能用吗？

在美国，几乎家家户户都有冰箱，这种高度成熟的产品竞争也非常激烈，利润每况愈下，厂商都在挖空心思地推销自己的产品。而一家日本公司却非常擅长用侧向思维解决问题，发明创造了一种与19英寸电视机外形尺寸一般大小的冰箱，口号就是“让家跟着你走”。这种微型冰箱投入市场，立刻引起众多消费者的兴趣，人们惊喜地发现，除了可以在办公室使用，这种冰箱还可以在车上、去野营的时候用，舒适又方便。微型冰箱改变了一些人的生活方式，也改变了那家日本公司进入市场初期默默无闻的命运。

微型冰箱与家用冰箱在工作原理上没有区别，其差别只是产品所处的环境不同。日本人把冰箱的使用方向由家居转换到了办公室、汽车、旅游等其他侧翼方向，有意识地改变了产品的使用环境，引导和开发了人们的潜在消费需求，这极大地方便了消费者，达到了销售产品的目的。

美国前国务卿赖斯在上大学的时候，学校来了位美国当时的外交官，很多人跑去和外交官搭讪，但是那位外交官的夫人却尴尬地被冷落到一边。聪明的赖斯疾步走上去亲切地和外交官的夫人攀谈起来，一直到这位夫人高兴地离开赖斯的学校。而那位外交官也对赖斯另眼相看，在赖斯后来从政的道路上给予了她非常多的帮助。

赖斯在最开始也想结识那位外交官，但是学生那么多，即使自己能挤上去，外交官也不能记住自己，倒不如微笑着和他的夫人攀谈。要知道，没有人会忘记在困境中帮助过自己的人，哪怕其只是帮了一个小忙。

这也是侧向思维，走一条在别人看来很不理解，甚至没必要的道路，没准儿，那就是通往成功的秘密通道。侧向思维，虽然走的不是“正路”，面对的不是主要问题，但效果可能比硬冲上去要更好。

大家一定都听说过围魏救赵的故事。战国时齐军用围攻魏国的方法，迫使魏军撤回救本国而使赵国得救。这也是典型的侧向思维。

毛姆出版第一本小说的时候还没什么名气，很多作品销售量都不高，毛姆着急了。但是他并没有像现在的一些作家那样去签售，或者转型来面对销售量的惨淡，而是选择征婚。对，就是征婚，毛姆在一家发行量很大的报纸上登了一则征婚启事：本人年轻英俊、教养深厚、百万富翁，欲寻一位毛姆小说中女主人公式的女孩为终身伴侣。这个征婚启事一刊登，一石激起千层浪，击中了许多女孩的芳心，她们纷纷去购买毛姆的小说。还有一些人是带着好奇心去看：这位百万富翁的品位到底如何？结果，毛姆小说大卖。等大家把书拿到手里，发现写得还不错，毛姆也就出名了。

《孙子兵法》云："先知迂直之计者胜。"所谓迂直，就是懂得侧向思维，表面曲折，却能更有效、更迅速地制胜。

立体思维开拓你的思路

立体思维可以开拓思路，让我们思考得更全面也更细致。通过立体思维我们可以把多重因素、多重事物有机地结合起来，让它们取长补短，相互帮助，最终得到良好的效果。

如何在一块土地上种植四棵树，使得每两棵树之间的距离都相等?

答案不是正方形、菱形、梯形、平行四边形，任何一个四边形都不可以，答案是其中一棵树可以种在山顶上，山顶上的一棵树和其余的三棵种在山下的树构成一个正四面体，符合题目要求。立体思维要求人们跳出点、线、面的限制，有意识地从上下左右、四面八方各个方向去考虑问题，也就是要“立起来思考”。

用立体思维来思考交通，就不是原来只能在大地上铺路，而是拓展到地下、海上、空中，内环高架和南北高架、立交桥等等，组成桥、路、高架交叉的道路网络。这提高了行车的速度，增大了交通的空间，减少了拥挤的时间。就像仓库中的堆货架是立体的，这样能装更多的东西，让有限的空间得到更好的运用，这就是立体思维。

比如养鱼，过去的池塘里只养一种鱼，撒下食物就可以了，但是现在，人们发现原来鱼的习性是非常不一样的，有的鱼喜欢在水底生活，而有的鱼就习惯在水的中层生活，这样再找一种生活在水面上的鱼就能组成一个立体网络。这几种鱼混养也不用担心它们争夺“地盘”和食物，这种立体混养使池塘得到合理全面的利用，也给养鱼者带来了丰厚的收益。还有更聪明的应用立体思维的人，在鱼塘内养蚌采珍珠，鱼与蚌组成了一个网络。他们还在鱼塘周边种上了水果，鱼、果得到了很好的结合。在鱼塘旁边养猪，鱼、畜又得到了结合。

立体思维可以开拓思路，让我们思考得更全面也更细致。通过立体思维我们可以把多重因素、多重事物有机地结合起来，让它们取长补短，相互帮助，最终得到良好的效果。

一次，爱因斯坦正在陪三岁的儿子玩，儿子突然很认真地问爱因斯坦：“爸爸，你是不是天才？”爱因斯坦非常困惑，他摇摇头说：“不是。”儿子天真地说：“骗人！不是的话为什么只有你研究出了相对论？为什么别人都说你是天才？”爱因斯坦听后用同样认真的语气说：“不是我比别人更聪明，而是我和别人看问题的方式不一样。比如，一个甲虫在一个篮球上爬行，由于它所看到的世界都是扁平的，这样它永远不会知道自己在一个有限的球体上爬行，它还以为在征服一个无限的世界呢。如果这时候飞过来一只蜜蜂，它一眼就看出甲虫是在一个有限的球体上爬行，因为蜜蜂的视觉是立体的，这对它来说是轻而易举的事情。而你爸爸恰好就是那一只蜜蜂，所以我发现了相对论。”爱因斯坦告诉了我们什么是立体思维。所谓立体思维就是要俯瞰全局，而不是以偏概全。就像在爬一座山，在半山腰的时候我们永远不能全面客观地认识这座山。只有当我们站在山顶，俯瞰全局的时候，我们才能有更准确的理解。

有一位企业家曾经讲述了他的一段经历，从这段经历里，我们可以看到立体思维的作用：当时我刚注资了一家服装厂，事实上我对这个领域一窍不通，一切都由我的搭档来负责。但是不幸的是，没过多久，我的搭档就因为劳累过度住进了医院，这意味着所有的重担都压在了我的身上。一切都非常混乱，我冥思苦想，却一点儿对策也没有，那些服装领域的书籍对我而言更是一点儿帮助也没有。后来，我突然想出一个办法，虽然我是外行，但我的员工都不是外行。最后我决定，以领导和专家的身份出现在他们的面前。

到了服装公司后，我和每个部门主管谈了一遍，我的谈话内容大致一样："很抱歉，我们无法与你继续合作下去了。公司是不会雇用一个没能力的员工的。若是你能正确指出公司以前所犯的错误，并提出更正的办法，说明你知道如何做好你的工作，那我就愿意与你继续合作。"

一连几天的面谈，我桌前的建议堆积如山，我基本上没分析任何一个部门主管的建议，我只负责执行。没想到，奇迹出现了，这家岌岌可危的服装公司居然已经开始赚钱了。

在这个案例中，这个企业家非常善于用立体思维，而恰恰是这种立体思维，把陷入绝境的问题解决了。如果光凭着企业家自己想如何改变公司处境，恐怕那些部门主管就得真正下岗了——因为公司都该破产了。

平面思维是自己的角度，立体思维是用别人的思维，借力打力，不失为一种有效的办法。立体思维会让人高瞻远瞩，更有远见卓识，也是最容易培养领袖气质的一种思维方式。

第八章

问题也能变为机会，挫折也能促进成功

塞翁失马，焉知非福

在工作中，必然会有失败。没有彻底的失败，只有暂时停止的成功。如果我们遇到一点事情就趑趄不前，沮丧万分，就可能会把即将到来的好运气都给吓跑了。消灭了失败，就是消灭成功。

在我们的工作与生活中，难免会发生各种各样的意外事件。对于一家企业来说，最开心的事就是顺顺利利拿下一笔大订单，最麻烦的事是对方因为各种理由取消交易。但是，无论在工作中遇到什么挫折，我们都要保持乐观的心态，相信塞翁失马，焉知非福。“祸兮福之所倚，福兮祸之所伏”，古代思想家老子这种祸福倚伏观，认为世事变幻无常，因祸可以得福，坏事可以变为好事。

上海有家老牌电脑公司，有一个客户向这家公司订购了两百台个人计算机，这对当时这家公司来说是笔大买卖。为了及时交货，这家公司向总代理商提前预订了机器，谁知道这客户又变卦了，提出每台机器要再降100元，这时候公司有两个选择：一是终止生意，不再降价。但是和总代理商提出撤单会缴数目不少的罚金，而且影响自己的诚信，同时还会和这个大客户把关系弄僵。二是继续降价，少拿两万块钱。公司在原本很低的价格上再次做了让步，答应了客户的要求。数天后，电脑到货，就在结账的时候又出现了变化，另一家天津公司不知道怎么得到了消息，来了个第三者强行插足，以更低的价格向客户摇起了橄榄枝，于是该客户以此为据再次讨价还价。上海这家公司彻底陷入困境，考虑再三，还是决定把发出去的货收回。但这家公司手里存了一大批电脑，如果就这样堆下去，恐怕公司就得破产。

但是塞翁失马，焉知非福。不久，电脑价格就开始上涨，远远超过了那位客户订购的价格，这家公司稳赚了一大笔。原来，天津那家公司拿下这么一个巨额单子，很快就造成了渠道内的缺货，而上海的公司掌握了两百台机器，轻轻松松就把货价抬上去了。还有一个好处是，天津公司以超低价拿下单子，不能保证售后服务和维修，该客户又转过来求上海这家公司提供售后服务。

贝利成名后，有个记者采访他："你的儿子以后是否也会同你一样，成为一代球王呢？"贝利回答："不会。因为他与我的生活环境不同。我童年时的生活环境十分差，但我正是在这种恶劣的环境中磨炼了坚强的斗志，使我有条件成为球王。而他生活安逸，没有经受困难的磨炼，他不可能成为球王。"人经历的苦难，都是一种财富。

有一个留学美国的年轻人，因为家里穷交不起学费而决定努力赚钱。他想去快餐店，快餐店不要他，想去建筑工地，人家嫌他个子小力气小不能干，这个年轻人感觉自己真是倒霉透顶，最后左思右想，还是决定效仿松下，凭借点子发家。他逼迫自己不停地想点子，在一段时间里，他想了250项发明。

最后，他选定了他认为最能产生效益的发明："多国语言翻译机。"产品真的研发出来，夏普公司购买了专利，并且委托他再研发西班牙语、法语翻译机，签订合约后，夏普给了他一百万美元。

这个青年叫孙正义，后来的亚洲首富。

我们可以想一下，如果那家快餐店和建筑工地要了孙正义，他会绞尽脑汁地想怎么发明多国语言翻译机吗？他会赚一百万美元的第一桶金吗？他会成为后来的亚洲首富吗？他懂得取舍权衡什么样的机会是应该抓住的吗？我们不知道。

在工作中，必然会有失败。没有彻底的失败，只有暂时停止的成功。如果我们遇到一点事情就趑趄不前，沮丧万分，就可能会把即将到来的好运气都给吓跑了。就像蝴蝶破茧而出，非常非常痛苦、艰难，但如果我们觉得这只蝴蝶太可怜了、太痛苦了，于是大发善心地帮它撕开茧，那蝴蝶就再也飞不起来了，它只能爬。消灭了失败，就是消灭成功。

我们要保持一种乐观的心态，善于从"倒霉"中发现希望，有耐心地等待幸运的降临。

把问题当成机遇

把问题当成机遇，哪怕这个机遇不能带给你“质变”，它也会给你成长的机会。在解决问题中累积实力，当你最想放弃的时候，恰恰是你最不能放弃的时候。

在2002年9月的世界华商大会上，一个杨姓老总讲了这样一个故事。

杨先生是浙江人，在年轻的时候去亲戚的公司帮忙，谁知道公司不久就垮了。杨先生感觉也没赚多少钱，就这样回家太没面子，于是他就在当地找了一份工作，推销保健品。他从最低级的小推销员做起，走家串户地推销，效果不太好，究其原因，公司的产品虽然不错，但是知名度不高。

杨先生一次坐飞机到欧洲，居然碰上劫机的，经过惊心动魄的几天后，在各界努力下，险情才得以化解，平安返航。在走出舱门的那一刻，杨先生突然想到电影里出舱门后会有记者采访，他突发奇想：为什么不借这个机会宣传一下公司的形象呢？

他立刻做出了一个任何人无法想到的举动，他从箱子里找出一张纸，在上面写上大字：“我是××公司的××，我和××公司的保健品都安然无恙，非常感谢救我的人。”果然，他这个牌子一亮相，就引来无数摄像机的狂拍和记者的采访，结结实实地给他们公司做了一回广告。他所在的公司和产品一时间家喻户晓。当他回到公司的时候，公司的董事长和总经理带领所有成员站在门口欢迎他，并且当众宣布把他升职为主管，因为他的举动，公司的电话都快被打爆了，都是来订购产品的。

被劫机是个问题，耽误工作是个问题，会化问题为机遇的人才是最受欢迎的人。

著名的牛仔大王李维斯就非常擅长从问题中寻找机遇。

当年他像许多年轻人一样，带着梦想前往西部追赶淘金热潮，结果被一条大河挡住了道路。等了几天，被阻挡的人很多，就是想不出办法来。有人向上下游走去，也有人打道回府，更多的是聚集在原地，怨声一片。

李维斯没有沮丧，经过几天的思考，他终于想出一个创业主意：摆渡。在这条通往西部淘金的“捷径”上，没有人会吝啬那点小钱而不坐他的船过河。李维斯生意兴隆，很快获得了他人生的第一笔财富。一段时间后，竞争对手越来越多，生意就开始冷清下来。他放弃摆渡，继续前往西部淘金，结果在西部老是被“同行”欺负，一而再再而三地被人赶跑。眼看着做摆渡买卖赚来的那点钱都花光了，他开始再次调整自己注意的焦点。他发现西部人的衣服极易磨破，同时又发现西部到处都有废弃的帐篷，于是他又有了一个好主意。李维斯把那些别人丢掉的帐篷收集起来，洗干净，就这样，世界上第一条牛仔裤诞生了。

从此，李维斯一发不可收拾，没有人再能阻挡他前进的步伐，他终于成为举世闻名的“牛仔大王”，而“李维斯”牛仔裤也成为一个著名的世界服装品牌。人在一生之中会多次面对各种挫折、逆境、低潮。但是，最重要的是保持乐观的心态，为未来铺路，虽然守住乐观的心境实在不易。因为悲观在寻常的日子里随处可以找到，而乐观则需要努力，需要智慧。

把问题当成机遇，哪怕这个机遇不能带给你“质变”，它也会给你成长的机会。在解决问题中累积实力，当你最想放弃的时候，恰恰是你最不能放弃的时候。

将危机化为转机

一个人对变数的掌控能力决定了人生的成败。能够掌控的变数，我们称之为低风险；相对的，比较难掌控的变数，我们称之为高风险。因此说掌控变数能力的强弱，决定了风险的高低。

人生所面临的困难和变数有很多，那是因为我们所学的知识、技能与经验都是有限的。尤其是对没有经历过的事情，因为缺乏成败的经验，所以在处理时难以做出最为恰当的选择，容易产生一步错、步步错的局面。

一个人对变数的掌控能力决定了人生的成败。能够掌控的变数，我们称之为低风险；相对的，比较难掌控的变数，我们称之为高风险。因此说掌控变数能力的强弱，决定了风险的高低。

一个人遭遇到变数的多或少，掌控变数能力的强与弱，和他的知识、技能、经验、学习能力、思维观念等都是成正比的，也和逆向思维观念里的危机意识有着密不可分的关系。

一个各方面经验都很多的人，他面对危机的概率将会降到最低。那是因为他老马识途、经验老到，所以遭遇危机的机会就比较少，即使遇到危机也很容易逢凶化吉，脱离险境。

就好比一位登山向导，他所处的险恶环境与一般的登山者是一样的，但是他为何可以带领同行的生手翻山越岭呢？那是因为他对当地山脉的走向、羊肠小道、自然景观、时节气候、危险地区、飞禽走兽等都了如指掌。所以一般人视为处处有危机之地，对他来说却是如履平地。

相反，一个各方面都不足的人，他所处的环境就像是在丛林里一样险象环生。他要面对大自然弱肉强食的生态竞争与淘汰，抵抗飞禽走兽的日夜威胁，更要提防人们所设下的陷阱，寸步难移、惊险万分、危机重重的场面是可想而知的。

每个人的认识标准与最佳反应时间都不一样，这将直接影响到个人对危机认识的深浅度和对转机的运用。

举例来说，我们发现意外溺死的人，大部分是会游泳的人，而且有些还是游泳的“佼佼者”。为什么呢？就是由于他们降低了个人在游泳时的安全标准，忽视了一些应该具有的基本安全考虑，以及错过了危险出现时的最佳反应时间。所以当别人发现他们的险情时，通常都已经回天乏术了。

我们经常看到电视或报纸上报道的一些惊心动魄的车祸场面，绝大部分人都自认为是开车老手，技术很好，对于开快车有绝对的把握。他们也都知道喝酒不能开车，开车不能喝酒。结果通常发生车祸的人，就是那些自认为技艺高超的人。他们不但造成对自己的伤害，还连累到其他家庭，影响许多无辜的受害者。这是因为他们降低了危机意识下的安全感标准，所以，即使发生了意外，也不让人感到意外。

由于每个人的背景、环境、知识、技能、反应不同，所以在给自己制定危机意识的标准时，不妨沿用逆向思维的反向思考观念，设立三级安全警报机制，让自己有足够的时间来做好最佳反应，将危机化为转机。

第一级，预设在第二级的前方，可以用来作为初期警诫的一种征兆显示，其可作为较充裕的“反应时间”缓冲区，是化转机的考虑点，也是化转机的第一时间。

第二级，设在第三级的前方，是根据自己可以处理的“能力”范围来设定底线标准，也就是所谓的“停损点”。此为化转机的最后机会，如果错过这个机会，则大势已去，将很难把劣势挽回。

第三级，以一般社会大众所定的安全标准为依据，此时已没有退路可走，要有最坏的打算与想法。因为已错过了化转机的时机，这时再谈转机似乎已失去意义。

第一级是提醒我们要小心的警诫。

第二级是要我们防备，并做好以防万一的准备。

第三级就是已经到生死存亡的紧要时刻，一切以过关为首要，其他的暂时都可以忽略不计。

将错误化为机会

每个人在一生中都会犯大大小小的错误。但是祸福相倚，所谓错误，也许后面就跟着好运，不要气馁，不要沮丧，在错误来临之前防微杜渐，在错误到来之时寻找机遇，总结教训。一个擅长把错误变成机会的人会走得更远，爬得更高。

当错误发生的时候，千万别着急自怨自艾，对自己的错误耿耿于怀，而是先去想该如何面对，然后再反省，因为有的时候，错误里也暗藏着许多机会。关于这一点，雀巢比较有发言权。

1938年4月1日，雀巢公司把雀巢咖啡——世界上第一种只需要用水冲调就能保持原汁原味的100%速溶咖啡产品，正式推向市场。

在雀巢咖啡推出之前，为享受到一杯口味纯正的咖啡，人们同时得忍受不是费力就是费钱的痛苦。比如，如果想在家饮用咖啡，你就得先去买咖啡豆，接着把咖啡豆烘焙干（当然，你可以买已经烘焙好的咖啡豆，那意味着你得花更多的钱），接着就把烘焙好的咖啡豆一点点地研磨成粉末状，再放在火炉上小火细煮，煮完后还得等壶里的渣沉下去后，才能喝上面的咖啡……这样做的确省钱，但是却非常麻烦。

如果想不麻烦，就去咖啡馆喝一杯，和上述步骤一样，非常烦琐，要价自然也很高，一般百姓是难以承受的。而雀巢发明了速溶咖啡，这种简便快捷的咖啡减轻了人们的负担，而且非常便宜，是百姓能接受的。如此看来，雀巢咖啡应该一到市场就被哄抢一空。但事实上，雀巢咖啡在市场上大力推出五年之久，仍然没有多少人愿意买。这真是奇怪了。

雀巢公司经过一系列的调查发现，他们败给了文化，咖啡的文化。

所谓咖啡文化就是在制作过程中那些细小的区别，为人所喜爱，被人所鼓吹，最后成为咖啡文化的一部分。而那些烦琐的制作方式，也是咖啡文化不可分割的部分，大家从心里已经接受了这种咖啡文化，同时接受了它的烦琐。而速溶咖啡反而被看成是对咖啡文化的一种毁灭，一种侮辱。

速溶咖啡早期算是打了个大败仗，究其原因，也是雀巢咖啡错误地判断了形势，尽管研制出来便宜便捷的咖啡，却忽略了咖啡文化在人们心目中根深蒂固的影响。但雀巢公司管理层没有气馁，他们相信，好产品一定会有市场的，他们只是缺少好办法。

但还没等他们想出办法来，二战就爆发了。这对雀巢公司来讲更是雪上加霜，因为雀巢咖啡的主要生产基地设在欧洲，那里遭受了战火的猛烈打击。1939年，雀巢的利润从1938年的2000万美元猛跌至600万美元。

但是，雀巢公司却一定要，且必须要活下去！雀巢公司高层做了一个重大改变：既然我们的雀巢咖啡打不赢传统文化，那么我们就创造出一种新的文化！一种更厉害的文化！

说得容易，怎么做呢？

战争可以毁灭一切，特别是在军队，没有哪个军人有心情或者有时间慢慢磨咖啡豆，而雀巢凭着强大的经销商把雀巢咖啡送到了每位美国大兵的餐桌上，他们不得不喝。

这时，雀巢咖啡那保持原汁原味，而且方便快捷的优点彻底体现出来了。没多久，雀巢咖啡就受到了这些美国大兵的认可，而且成为他们的最爱。从美军到其他盟军，雀巢公司说服政府，同意把雀巢公司作为军队的物资供应商。随着盟军的节节胜利，雀巢速溶咖啡开始影响全世界。

甚至，雀巢咖啡免费帮盟军打起了心理战。英国空军经常在德军占领区投下一大包一大包的咖啡炸弹——当然，都是雀巢的。这些香喷喷的咖啡更激起了占领区百姓对纳粹的怨恨。随着战争的结束，那些已经喜欢上雀巢咖啡的大量退伍军人回到家乡，把雀巢也带回家乡。雀巢咖啡迅速成为美国人的“国民饮料”，同时也迅速打开了其他国家的市场。

雀巢公司实现了以前的梦想，那就是创造出一种新的文化，来击败传统文化。结果当然是大获其利。现在，雀巢速溶咖啡已经深入人心，畅销一百多个国家，全世界每天要喝掉三亿多杯雀巢咖啡。

雀巢公司不是没犯过错误，对文化的错误判断让他们五年都翻不了身，这对一家公司来讲是多么严重的损失。但是，雀巢人并没有向困难低头，更没有让自己的公司在灾难的打击下夭亡，而是不放弃，不抛弃，立即转策略想办法，寻找错误中的新机遇。对于人生来说，我们也需要这种把错误当作机遇的信念。

每个人在一生中都会犯大大小小的错误，但是祸福相倚。所谓错误，也许后面就跟着好运，不要气馁，不要沮丧，在错误来临之前防微杜渐，在错误到来之时寻找机遇，总结教训。一个擅长把错误变成机会的人会走得更远，爬得更高，因为在他看来，每个错误都是养料，都是另一个希望。

难题也能变成金矿

当你陷入绝境的时候，即使你面对的困难让你感觉一定无法逾越，那也千万别放弃。可能危机就是转机，难题会为你带来金矿，局部的失败也可能变成整体的成功。

宝洁公司曾发生过这样一件事，公司推出一个新产品——白肥皂，当时肥皂厂非常多，竞争又很激烈，一向优越的宝洁无法赢得更多的客户。正在前途渺茫的时候，一个让公司雪上加霜的意外出现了。

在辛辛那提的一个车间，有位粗心大意的工人午休前忘了关掉肥皂原料合成搅拌器，等他下午来上班的时候，肥皂已经成了“松糕”——配料中混进了过多的空气，肥皂全都膨胀起来。

由于这个失误，这些肥皂全都报废了。而且，整罐昂贵的化工原料也全都报废，唯一的办法就是立刻停止生产，把已经变成“松糕”的肥皂扔掉。当然，这样一来公司的损失是非常大的。如何把损失减少到最小呢？

经理们召开了一次会议，这时，有人讲了一个故事。在俄亥俄河，很多人都去那里洗澡，但是滑溜溜的肥皂很容易就沉到水底，一旦沉下去就很难再找回来。所以在河水里经常会出现这种情况，很多洗澡的人乘兴而来，败兴而归，还有的人满头大汗地在河水里寻找丢失的肥皂，非常尴尬。

说到这里，很多人嘴角已经挂上微笑，大家知道这次的难题已经变成了一座金矿，那些松糕肥皂是可以漂起来的。

“继续生产！告诉宣传部门，大力宣传我们的新产品——漂浮的肥皂！”

漂浮的肥皂刚一面市，立刻成为杂货店里最抢手的商品。几周后，全辛辛那提的零售商都开始打电话向宝洁预订这种肥皂，一时间，那些让人发愁的松糕肥皂销售一空。

不久，全俄亥俄州的人都爱上了这种会漂浮的肥皂。不出几个月，订单从全国各地像雪片般飞来。公司决定停止制作白肥皂，转而开始生产乳白色的会漂浮的肥皂，这就是今天的“宝洁象牙香皂”的来历。

这是一次意外的事故，完全是负责人不认真造成的，但是经过伟大的创新，摇身一变，就成了精彩的成功。当时宝洁的境遇非常糟糕，因为在1879年以前，宝洁的主打产品是蜡烛，精美又廉价的蜡烛让宝洁一直雄踞在日用品行业老大的位置上。但1879年以后，随着电灯的发明，用蜡烛的人越来越少，宝洁也面临着严重的危机。

而这次“失败”把宝洁公司从危机中拉了出来。这个故事告诉我们，当你陷入绝境的时候，即使你面对的困难让你感觉一定无法逾越，那也千万别放弃。可能危机就是转机，难题会为你带来金矿，局部的失败也可能变成整体的成功。

面对失败，我们不要只是分析，只是沮丧，我们必须调查原因，寻找对策。你要让思维走出去，用眼看、用心想，看看是不是机遇披着失败的外衣来找你。解决问题的办法从来不会凭空而降，这需要你自己去挖掘、去发现。局部的失败不代表整体的失败，只要能发挥你的创新力，定能化腐朽为神奇，变危机为机遇。

第一时间面对问题

生活中和工作中会有很多问题等着我们去解决，有人说，人活着就是为了解决问题，这个我不敢肯定，但我确定老板雇用你一定是想让你来解决问题，而不是拿着工钱当逃兵。聪明人不会乞求万事如意，他只是希望，每个问题发生时，他都能有勇气面对，有智慧解决。

逃避只会让问题变得越来越糟糕。当问题突如其来，一味地逃避和退缩会让问题看起来很难解决，并且，逃避会变成习惯，让你终生受害！你要知道，问题不会自行消失，如果你不解决，它会永远横在那里。问题就像是一个肿瘤，你不割掉它总有一天它会吞掉你。也许有人认为我说得太夸张，但这无疑是事实。

面对问题，最直接、最有效的就是立即面对，在第一时间面对问题，解决问题。

索尼公司的创始人盛田昭夫在培训员工时常说："不许粉饰太平。"他的意思就是不能马马虎虎，不能只看到事情"好"的一面，不能逃避问题，不能找借口美化问题，即使暂时掩盖了真相，问题也迟早会出现，所以还是直接面对最好。

每当他的经营出现问题后，他会正面和问题交锋，而不是逃避。商场如战场，逃避问题也就是不战而逃，是必败之兵。盛田昭夫不会找借口搪塞，他甚至会向员工道歉："我遇到问题，这是我的责任，我必须立即修正。"

关于索尼，还有一个小插曲，同样让我们看到什么叫敢于面对问题。

索尼曾经创造了让人难以企及的辉煌，独创卡带式收录机、随身听、特丽珑彩电等，在全球范围内无人能出其右。但在2000年以后索尼却颇有了"英雄迟暮"的感觉，从生产中高端产品慢慢降低到生产中低端产品。索尼高层分析，原因是以过于强权的盛田昭夫、出井伸之等人为代表的"强人文化"曾创造了索尼的辉煌，但成也文化，败也文化，"强权"已经和时代脱节。弄清原因后，和盛田昭夫同时创办索尼的出井伸之破釜沉舟，当即决断，清除索尼元老，自己也主动让位，以给新CEO霍华德·斯金格提供施展的空间，帮助他从深层次改变索尼的滞后。

从自己开刀，不逃避，勇敢地面对问题，甚至不惜把自己一手创建的公司交给别人。因为出井伸之很清楚，如果自己不解决问题，索尼就会走上绝路。在这没有硝烟的商业战场，时间就是生命，速度就是标志，没有人能够置身其外。比如汽车制造商必须时刻保持几天之内从零订单到整车下线的超级制造能力，时间再紧也要快速完成。一步退后，一步逃避，就意味着原来花几年时间开发的努力全都白费，很快就会被竞争对手甩在后面。

生活中和工作中会有很多问题等着我们去解决。有人说，人活着就是为了解决问题，这个我不敢肯定，但我确定老板雇用你一定是想让你来解决问题，而不是拿着工钱当逃兵。如果你是老板，你是相信一个遇事就躲的人还是相信一个遇到困难，即使心存忐忑也会勇往直前的人呢？聪明人不会乞求万事如意，他只是希望，每个问题发生时，他都能有勇气面对，有智慧解决。

所有的公司都有可能突然面对危机，所有人在工作中都可能遇到突如其来的困难。比如已经谈好的客户突然中途变卦，遇到不讲信用的客户付款一拖再拖，公司最大的客户被竞争对手挖走了，核心供应商停产逃跑了。人都是渴望顺利的，遇到这种挫折自然都不开心，但在郁闷的同时我们必须做出闪电般迅速的反应。只有在第一时间面对困境，才能抢得克服困难的先机。巴顿将军说："敌人越是猛烈地进攻，越需要及时制止。"面对突如其来的困境，必须在第一时间做出反应，这样胜算才会更大。

2003年8月5日，印度一个非政府组织——印度科学和环境中心宣布质量测试结果，百事可乐软饮料产品的农药含量比欧盟规定水平高出36倍，可口可乐高出30倍。这些农药可能长期存留在人体内并致癌和摧毁免疫系统。印度科学和环境中心主任纳拉因说："他们声称全球统一标准，但是这次检测证明完全不是这回事。这些公司利用了印度没有软饮料用水质量规定的法律漏洞。"

一直是老对头的百事可乐和可口可乐这次终于联起手来，严肃地处理这项指控。可口可乐印度总裁古朴塔在事发之后立即发表声明："我们要邀请印度五名著名科学家审核！我们的产品绝对安全！”百事可乐印度总裁巴克西也不含糊：“绝对没有双重标准，和美国欧洲的标准一致！”

试想，食品最重要的就是健康，可口可乐和百事可乐都是大牌子，被非政府组织泼上污水，在很多印度人都愿意选择相信这个非政府组织的情况下，他们不逃避、不置之不理，而是立即面对问题，澄清自己。他们知道，这次农药事件如果没有得到有效澄清，肯定会在印度消费者的心里留下阴影。印度的一家外国公司老总说得更彻底：“我不知道这些指责是否属实，但是在印度，有很多人信这些。”不要软弱，不许退缩，在第一时间解决问题，可以把可能造成的损失减到最低。现在，百事可乐和可口可乐依然在印度有很大的市场。

第一时间面对问题，是解决问题的最好对策。

方法蕴含在问题中

只有不断创新的企业，才能从容应对企业发展中的问题，只有积极寻找方法的员工才能让自己的工作效率不断提高，才能让自己以及自己的企业登上更加辉煌的新台阶！

越是巨大的问题，往往越蕴含着巨大的机会。

就一个企业自身来讲，既然出了问题，就表明从未有过类似的解决办法。这也正是我们创新的大好机会，只要沿着这条路走下去，发掘问题的另一面，就必然会有很大的突破。

我们都知道肯德基，它的创始者是山德士上校。山德士在40岁时开了一个加油站，由于来往加油的客人很多，山德士就有了一个新想法——做点方便食品，给前来加油的客人提供便利。

山德士的手艺不错，于是他就推出了自己的特色食品，这就是后来闻名于世的肯德基炸鸡的雏形。由于味道独特，食用简洁方便，食品很快就受到了人们的欢迎。于是山德士就在马路对面又开了一家餐馆来专营炸鸡，后来又加盖了一个汽车旅馆。

就这样，在著名的霍德华·约翰逊汽车旅店建成之前，山德士建成了第一个集食宿和加油为一体的企业联合体。

本来山德士的经营已经走上了轨道，但是突然间一个问题出现了：第二次世界大战爆发了。

战争的爆发给山德士造成了一定的影响，战争期间实行汽油配给，他的加油站关门了，他不得不专心经营自己的饭店。

然而问题并没有就此结束，反而有更大的问题扑面而来。新建的横贯肯塔基的跨州公路计划最后确定并向大众公布了，山德士餐厅所在地旁的道路将有新建的高速公路穿过。

这对山德士是个巨大的打击，山德士不得不变卖资产以偿还债务，所得的款项只相当于公路通车前总资产的一半。为了偿清债务，他连银行存款也用光了。

一下子，山德士这位昔日受人尊敬的富翁上校变成了一个不名一文的穷人。

山德士是如何面对困境的呢？难道就这样穷困潦倒地度过余生吗？山德士并不甘心就此放弃。苦思冥想之中，一个想法跳入了他的脑海，他想起曾经把炸鸡作料卖给犹他州的一个饭店老板。因为这个老板生意不错，所以又有几个饭店老板也买了他的炸鸡作料。

于是山德士又开始了自己独特的创新道路。他带着一只压力锅，一个50磅的作料桶，开着他的老福特车上路了。他到每一家饭店的门口兜售他独创的炸鸡秘方，并给老板和店员表演炸鸡。如果他们喜欢炸鸡，山德士就卖给他们特许权，提供作料，并教他们炸制方法。

起初，没有人相信他，饭店老板根本就不愿意浪费时间听山德士讲什么炸鸡秘方。

“功夫不负有心人。”整整两年，山德士被拒绝了1009

次，终于在第1010次走进一个饭店时，得到了一句“好吧”的回答。

山德士相信，有了第一个，就肯定会有第二个。在山德士的坚持之下，他的想法终于被越来越多的人接受了。

1952年，盐湖城第一家被授权经营的肯德基餐厅建成了，这便是世界上餐饮加盟特许经营的开始。紧接着，山德士以令人惊讶的速度扩展他的业务，他的业务像滚雪球般越滚越大。在短短五年内，他在美国及加拿大发展了400家连锁店。

由此可见，问题并不可怕，可怕的是躲避问题。因此，我们不应该害怕出现问题，每一个问题的出现，都表示个人或企业面前出现了一个新的机会。因为平白无故就去想创新的点子，往往不太容易。反而有了问题，我们就可以从中发现解决问题的办法，发现创新的机会。

1941年，日本偷袭珍珠港，美国对日宣战。在美国国内，紧张的战事影响了国民经济的发展，许多企业濒临倒闭，可口可乐公司也不可避免地陷入了经营的困境之中。

当时任可口可乐总裁的是罗伯特·伍德鲁夫，销量的急剧下降让他一筹莫展。然而正是这个巨大的问题，却让他看到了巨大的创新契机，那就是——让可口可乐“参军”！

伍德鲁夫让人印制了大量的小册子——《完成最艰苦的战斗任务与休息的重要性》，向政府、国防部和国会议员赠送。

这本小册子的内容是宣扬可口可乐在战场上所能产生的巨大效用，其中写着：

“在遭遇生命威胁的战场上，有节奏的休息是必要的，让可口可乐有一天能够伴随着美国年轻人，战斗在战场上。如果能够在战场上生产可口可乐，不是最好的策略吗？”

与此同时，可口可乐公司开展了强大的公关战，让美国陆军部深信可口可乐是“提高士气”的最佳饮品。于是可口可乐成为美军专用的饮料，由美国国防部提供巨额的人力、物力和财力作为军需品来生产和维持，并且被允许在军队驻地办饮料装瓶厂。

艾森豪威尔将军指挥他的军团登陆北非后，要求补充的第一件军需品不是枪炮之类的武器，而是可口可乐。而且除了300万瓶可乐以外，他还要求有每天能生产20万瓶的机器设备。

巴顿将军更是要求他的军队打到哪里，可口可乐装瓶厂就必须也随着搬到哪里。

在这场战争期间，美国国内有许多企业都倒闭了，但可口可乐公司非但没有遭此劫难，反而产量直线上升，达到了当时世界上的饮料销量之最，仅是美军就喝掉了100多亿瓶可口可乐。

在同样的战争背景下，大部分企业都受到了严重的影响，可是与它们相比，可口可乐最后却取得了巨大的成功。

只有不断创新的企业，才能从容应对企业发展中的问题，只有积极寻找方法的员工才能让自己的工作效率不断提高，才能让自己以及自己的企业登上更加辉煌的新台阶！

方法在绝望中产生

作为员工，如果能不时地训练自己在问题面前找方法，养成了习惯之后，你就随时会有能力展现的潜意识，让你解决别人解决不了的困难，获得别人无法取得的成功。

绝望让人痛苦，让人茫然，让人看不到希望，但是绝望又总能产生奇迹。当初美国伟克斯公司研制了一种有效治疗感冒的药物——“耐魁儿”，但它的缺点是容易让人产生昏昏欲睡之感。

这个缺点令推销人员深感头痛，但有一位推销员以逆向思考的方式，提出了一个好点子——他将“耐魁儿”昏昏欲睡的缺点当作优点大打广告。他强调“耐魁儿”是第一种能在晚上睡前服用的感冒药品，它能有效解决喉咙的不舒适感而造成病人整夜无法入眠的困扰，让病人有一个安静的睡眠。

此广告推出之后，这个产品名声大噪，成为该公司最为成功的药品，在同类药品的市场竞争中居领先的地位。

目前，药房里有一种叫“万艾可”的男性壮阳药非常抢手。据媒体报道，其实“万艾可”当初是瑞士辉瑞药厂研发的用来治疗心脏病的药物。该药在1991年开始做临床试验，结果发现并没有达到预期的效果，所以人们打算在次年起放弃这方面的研究计划，换句话说，也就是宣告这是一项失败的研发。

一份宣布试验失败的临床试验报告送到了行销部门，然而，报告中提及的这个药物的副作用却令行销人员眼前一亮——“万艾可”能够让男性病患者阴茎勃起。这个发现让行销人员喜出望外，雀跃不已。

后来，经过重新调整研究方向，“万艾可”终于在1993年应用在性功能有障碍的病患身上做临床试验。1998年年初，美国食品药品管理局正式核准该药公开上市。辉瑞的行销部门了解男性对壮阳药物的急迫需求，“万艾可”一定会令许多性功能有障碍的男性产生兴趣。于是他们改弦易辙，重新制订了行销策略与战术，他们特别强调“万艾可”的壮阳功效，而尽量避免谈及研发此药最初的目的是治疗心绞痛。

这个药品经过各大媒体的大肆渲染之后，一炮打响。“万艾可”在美国上市不到半年的时间，就展现出了它无穷的威力，不但成为轰动全球的新闻，而且有可能成为最畅销的医疗药品。

全美各大药房每天都有很多人在排队等候购买“万艾可”，这造成了全球性的普遍缺货情况。虽然零售价格一日三涨，却依然是供不应求。辉瑞药厂加紧赶工扩大生产量，以配合未来消费者可以在超市货架上就能买到它的计划。

“万艾可”利用逆向思维的成功行销，改变了生化药物只是用在医疗用途的观念，它主导了医药科技上的新突破——除了医疗之外，还有可以促进人生幸福美满的其他用途。

著名的通信公司摩托罗拉公司的创始人保罗·高尔文在做

手机之前是做车载收音机起家的。

当时摩托罗拉研制了车载收音机，正准备推向市场时，却面临了严峻的挑战——美国历史上最严重的经济危机，而高尔文的父母也在此时相继去世。这把公司逼到了绝境。如果不能把他发明的收音机推向市场，那么公司就将面临倒闭的危机。

正在高尔文准备推广收音机的时候，又产生了一个新的问题。当高尔文带着这个苦心经营出的成果去收音机制造商协会时，他居然没有钱在会场租到一个展位。眼见已经走到山穷水尽的地步了，难道任凭自己苦心经营的公司就这样在绝境中倒下去吗?

当然不会!

这时，高尔文发挥他的创新力，想出了一个绝妙的办法。他将汽车停在会场外，把研制的样机安装在车内。这样一来，前来展会参观的人还没有进入场内，就可以在第一时间看到他的收音机。这比在场内租个摊位取得的效果还要好。

高尔文这一成功的创新为公司带来了足够的订单，使他对车载收音机的未来满怀信心。

这种收音机是能行动的，为了特别强调“行动”这个特点，高尔文特意给它起名字叫摩托罗拉，摩托是汽车的引擎，罗拉形容车载收音机里美妙的声音，这样醒目的名字很快吸引了大众的目光。而第一代商用车载收音机就这样诞生了，他的公司也就这样起死回生了。

在美国早期的汽车市场上，充斥着强调宽敞与舒适的声音，生产商把重点放在庞大笨重的大型车上，尤其在早期汽车的生产策略里，压根儿没想过要制造小型汽车。

市场上的一些小型汽车车种，打出来的广告试图掩饰自己这款车“小”的缺点，而尽量地强调它是多么宽敞舒适、多么安全，试图说服顾客能够接受自己产品的这个“小”缺点，结果却是欲盖弥彰。

只有大众公司完全不同的广告创意，极为巧妙地将自己的“小”缺点转化为优点。

它强调的是小型、灵巧、不占空间、价格低廉，并且舒适耐用，它不同于通用公司所销售的大型车种，从此大众公司成了美国小型车种市场的龙头老大。

原瑞联航空公司刚开始营运时，推出了一个让各界惊讶的“一元方案”，许多搭乘飞机的顾客简直不敢相信花一元钱新台币，就可以搭乘瑞联班机往来于台北和高雄之间。

一时间，瑞联航空公司名声大噪，各大媒体都争相报道这一独特的事件。一元机票仅限个人使用并不得代买，于是只见在指定的瑞联一元班机售票窗口，旅客排起了长龙，一个个眉开眼笑地搭乘飞机，瑞联因此一举成名。

瑞联航空的创举，在创意行销方面来说可称得上是一个经典案例。详细分析瑞联的行销策略，其实他们也是以逆向思维来突破传统的。他们先以极为尖锐与容易引起争议的战术切入市场，而为了圆满达成此项战术的运用，他们仔细地拟订配套的方法后才去执行。

第一，瑞联初出茅庐，当然知名度远不及早已营运的航空公司，而若要打响知名度，势必要长期花费一笔可观的广告费用。如果因实施“一元方案”所蒙受的损失与年度所要投入的广告费相等的话，那为何不实施“一元方案”，让消费者直接受惠，并做口口相传的免费广告呢？

第二，此举必会引起其他同行的不满，或是受到有关当局的关注，在炒作上可延续社会大众对此项事件的注意力，从而扩大和延续广告效果。

第三，政府不会对瑞联的这种行为坐视不管，因此可以预期，实施的期限将会很短。政府相关单位一定会出面干预，到时瑞联不再坚持，并且顺水推舟给自己找个台阶下。到时候，瑞联可以自圆其说，恢复到以前的售价，消费者也不会去责怪他们。

如此一来，不但达到了广告的效果，使消费者受益，而且，最关键的是瑞联公司因此一举扬名，这是一个“一鱼多吃”的多赢局面。

作为员工，如果能不时地训练自己在问题面前找方法，养成了习惯之后，就随时会有能力展现的潜意识，让你解决别人解决不了的困难，获得别人无法取得的成功。

保持镇静才能解决问题

在职场中，我们要保持镇静，要学会勇敢地面对，在关键时刻显示自己的胆略、勇气和镇静的气度。不管你接受的工作多么艰巨，千万别表现出你做不了或不知从何入手的样子。惊慌失措是职场中最忌讳的，沉着冷静、处变不惊的人，才是职场中最终的胜利者。

镇静是一种十分优秀的品质。在危急关头只有保持镇静，才能正确地分析问题、解决问题，找到摆脱困境的方法。慌乱会助长困难的威风，焦急对困难的解决于事无补，而不理智的行为和未经思考的举动会让我们做出错误的决策，这决策很可能是饮鸩止渴。只有镇静，才能一针见血地看到问题的核心，才能用最优秀的办法解决困难，才能把问题所带来的损失减到最少。

康泰克是一个著名的感冒药品牌，市场份额占到40%，但是自从经历了1996年11月的PPA（苯丙醇胺）风波后，它就黯然地退出了感冒药市场。始作俑者是“PPA”，美国耶鲁大学的一个医学研究小组经过研究发现，过量服用PPA会使患者血压升高、肾功能衰竭、心律紊乱，严重的可能导致因中风、心脏病而丧生。他们明确提出，应该立即禁用PPA。这个建议一提出，美国政府立即响应，禁止生产含PPA的药物，中国政府出于安全考虑，发布了《关于暂停使用和销售含苯丙醇胺的药品制剂的通知》。这一次，康泰克因为含有PPA当上了背黑锅的老大，一时间就从高峰跌到最低谷，被人口诛笔伐。康泰克几乎成了PPA的代名词。

作为康泰克的生产公司的中美史克，在安全上出现了问题，这无疑是灭顶之灾。在政府的通知下达后，中美史克公司陷入内忧外患，信誉一落千丈，到底是否给经销商退货？积压的大量含PPA的药品怎么办？流动资金还能撑到什么时候？职工和企业都怎么办？

每个问题都够让人抓破脑袋。但是即使在这种情况下，中美史克公司也没有手忙脚乱。中美史克的董事长后来说："我在不断地告诉自己要冷静，一定要冷静！只有冷静才能解决问题。"而事实上，中美史克公司真的镇静面对问题，有条不紊，按部就班地把困难一一克服。先是恢复企业形象，安抚消费者，接着再给经销商全部退货，用自己的损失换取经销商的忠诚。开诚布公地告诉职工公司的情况，按时发放工资，让员工相信公司，和公司血脉相连，即使情况再艰难，中美史克公司也没辞退一名员工。中美史克的一名员工这样说："我们和企业经历了风风雨雨，荣辱与共，在公司遭到挫折的时候离开它没有道理。"股东的信心、充裕的流动资金和良好的商业信誉使得中美史克公司走出了最艰难的日子。这也再一次证明，遇到再大的危机，只要保持镇静，努力思考对策并付出行动，也能柳暗花明。镇静的力量是无穷的。

镇静是一种气质、一种素质。镇静让你的工作更专业，让你的脑子转得更快，走得更远。镇静是砍柴的斧头，是过河的桥梁，是成功的催化剂，是危机的克星。

有这样一个在全世界流传的古老故事。

故事发生在印度，当时印度还是英国的殖民地。一对英国夫妇在家举办宴会，客人非常多。席间，一个年轻女士正和一位上校进行激烈的讨论，她的观点是现在的妇女已经进步许多，不会再像以前那样见到一只老鼠也要尖叫着跳起来。上校否定，碰到危险，妇女们总会一声尖叫，把事情搞砸，而男士会更有勇气，他们知道如何控制自己，冷静地对待危机。可见，男士的勇气是最重要的。

其中一位美国学者保持缄默，突然，他注意到一个细节。他发现女主人露出奇怪的表情，两眼直视前方，显得十分紧张。很快，她招手叫来身后的一位男仆，对其一番耳语。仆人的神情惊恐万分，他很快离开了房间。一会儿，男仆把一碗牛奶放在了门口。美国学者的脸色变了——要知道，在印度，地上放一碗牛奶只代表一个意思——引诱一条蛇。这也就是说，这间屋子里肯定有一条毒蛇。他首先抬头看屋顶，那里是毒蛇经常出没的地方，可现在那儿光秃秃的，什么也没有；再看看饭厅的四个角，前三个角落都空空如也，第四个角落也站满了仆人，正忙着端菜；现在只剩下最后一个地方他还没看，那就是坐满客人的餐桌下面。

美国学者想赶紧跳开，并且警告别人也快跑，但是，他突然想到，如果贸然行动，肯定会惊动桌子底下的毒蛇，到时慌乱的毒蛇很可能会袭击人。想到这里，他没有动，而是给大家出了一道数独题，并且宣布在解决问题之前，大家不许走动、不许说话，而最先解决问题的人会得到一份精美的小礼物。

大家安安静静地忙碌起来，五分钟后，学者看到一条眼镜蛇向牛奶爬去，他飞快地跑过去，把门紧紧关上。蛇终于被关到外面，而室内发出了一阵尖叫。

男主人慨叹，正是一个男人，才能做出如此镇定的表现！

美国学者打断了他的感慨：“且慢！”然后转向女主人：“请问您是怎么发现屋里有蛇的呢？”

女主人微微一笑：“因为它是从我的脚背上爬过去的。”

如果不是女主人保持镇静，后果不堪设想，这就是镇静的力量。在职场中，我们要保持镇静，要学会勇敢地面对，在关键时刻显示自己的胆略、勇气和镇静的气度。不管你接受的工作多么艰巨，千万别表现出你做不了或不知从何入手的样子。惊慌失措是职场中最忌讳的，沉着冷静、处变不惊的人，才是职场中最终的胜利者。老板都欣赏临危不乱的职员，因为只有这种员工才有能力乘风破浪、独挑大梁。如果你有天塌下来都不怕的信心，那么出人头地必是指日可待。